『総力戦研究所関係資料集』解説・総目次

不二出版

総目次

『総力戦研究所関係資料集』総目次・凡例

一、総目次は、資料タイトル、作成／調製／提出日の順に表記しました。

例　昭和十九年三月末現在　帝国並ニ列国ノ国力ニ関スル総力戦的研究〈機密〉（一九四四年九月三〇日調製）

一、〔　〕内は編集部が補ったものです。

一、＊印を付した目次は、東京大学社会科学研究所図書室所蔵資料からとったものです。それ以外は、国立国会図書館（米国国立公文書館原資料）所蔵資料よりとりました。

不二出版

●第一冊

原種行編「昭和十七年度教務関係書類」〈秘〉（一九四二年二月一〇日～一一月五日〔作成〕）

原種行編「昭和十七年七月教務日誌」〈秘〉（一九四二年七月一五日～一九四三年三月八日〔作成〕）

原種行編「昭和十八年九月　教育制度改正関係書類」〈秘〉（一九四三年九月二日～一四日〔作成〕）

昭和十六年度初頭ニ於ケル総力戦的内外情勢判断〈極秘〉（一九四一年〔作成〕）

皇国総力戦指導機構ニ関スル研究（概案）〈極秘〉（一九四一年二月三日調製）

昭和十六年度綜合研究実施要領綴〈極秘〉（一九四一年一〇月二九日～一九四二年一月一二日〔作成〕）

●第二冊

昭和十六年度綜合研究第四回研究課題答申　戦争ニ伴フ国力整備〈機密〉（一九四一年一二月一五日提出）

経済戦要則（概案）〈極秘〉（一九四一年一二月一九日調製）

亜細亜関係（一九四一年一二月二四日複製）

●第三冊

大東亜圏貿易統計〈機密〉（一九四二年一月一〇日調製）

東亜圏自給力関係統計表〈機密〉（一九四二年一月一〇日調製）

第九回及十回研究課題　大東亜共栄圏建設原案及東亜建設第一期総力戦方略ニ関スル予備研究答申〈極秘〉

（一九四二年一月一四日〔作成〕）

総力戦綱要第四編　総力戦ニ於ケル外交戦要則（未定稿）〈極秘〉（一九四二年一月二四日調製）

大東亜共栄圏建設原案（草稿）〈機密〉（一九四二年一月二七日調製）

東亜圏重要物資将来需要ノ推定〈機密〉（一九四二年二月一日調製）
東亜建設　第一期総力戦方略（案）ノ抜萃（一九四二年二月一八日調製）
大東亜共栄圏ニ於ケル食糧資源等ニ関スル調査〈機密〉（一九四二年三月二八日調製）
＊海運関係資料〈機密〉（一九四二年六月二六日調製）

●第四冊
昭和十七年度基礎研究資料　第三回第一週及第二週作業（二冊分ノ一）〈一部軍資秘〉〈指定総動員機密〉（一九四二年八月八日～一七日／一九四三年五月一〇日調製）
英米ノ経済的抗戦力ノ検討ヲ中心トシタル大東亜戦ノ判断並ニ之ニ対スル帝国ノ措置（昭和十七年五月十日外務省通商局第一課研究班作製）〈外機密〉〈軍極秘〉（一九四二年八月二五日作製）
昭和十七年度綜合研究記事〈機密〉（一九四三年三月三〇日調製）

●第五冊
昭和十八年度基礎研究第二課題（其ノ一）作業　帝国（勢力圏ヲ含ム）ノ国力判断（二分冊ノ二）　三、経済〈軍極秘〉〈一部軍資秘〉〈指定総動員機密〉（一九四三年八月五日調製）
昭和十八年度綜合研究記事〈機密〉（一九四四年一月一〇日調製）

●第六冊
昭和十八年度綜合研究記事附録　修業論文集　総力戦ノ見地ヨリ我国ノ現状ヲ論ス〈機密〉（一九四四年一月一〇日調製）

昭和十九年二月以降ノ研究（一九四四年二月二八日～九月一四日〔作成〕）
昭和十九年三月末現在　帝国並ニ列国ノ国力ニ関スル総力戦的研究〈機密〉（一九四四年九月三〇日調製）

●第七冊
机上演習統監部編　機密第一号　第一回総力戦机上演習第三期乃至第九期演習情況課題及演習処置　綴（一九四一年八月六日～一五日〔作成〕）
第一回総力戦机上演習関係書類　昭和十六年八月（一九四一年七月二四日～八月二八日提出）
総机演統監部編　第九期演習終末作業〈機密〉（一九四一年八月二三日提出）
青国内閣編「第一回総力戦机上演習経過記録」〈機密〉（一九四一年八月二三日以降作成）
＊第一回総力戦机上演習経過記録〈機密〉（一九四一年八月二三日以降）提出
＊経済戦審判部編「第一回総力戦机上演習経済戦演習経過概要」〈機密〉（一九四一年八月二三日以降作成）
研究項目所見〈機密〉（一九四一年八月二七日提出）
昭和十六年度将来戦様相ノ変化ヲ示唆スル事項（答申）其ノ他〈機密〉（一九四一年八月、九月三、四日提出）

●第八冊
昭和十七年度机上演習関係書類　思想戦審判部主任用〈軍極秘〉（一九四二年九月一日～一二月二四日／一九四三年一月二九日調製）
昭和十七年度総力戦机上演習研究会関係書類一括〈軍極秘〉（一九四三年一月二九日調製）

●第九冊

昭和十八年度第二回総力戦机上演習関係書類（一九四三年八月三〇日～一一月一三日／一九四三年一〇月二五日調製）

解説

総力戦研究所からみる日本の「総力戦体制」

粟屋憲太郎
中村　陵

一　はじめに

本資料集は、東京裁判の国際検察局（International Prosecution Section　以下、ＩＰＳと略記）文書のEntry No.329 "Prosecution Evidential Documents"、および東京大学社会科学研究所所蔵『極東国際軍事裁判関係資料』に存在する総力戦研究所関係の諸資料を、『総力戦研究所関係資料集』として編集・復刻しようとするものである。[1] 総力戦研究所は、一九四〇（昭和一五）年一〇月に開設され、一九四五年三月末まで国家総力戦の研究と教育・訓練を目的として内閣総理大臣の管轄下に置かれた研究機関である。研究所については、極東国際軍事裁判（東京裁判）において検察側がその役割に注目し、一般的戦争準備段階の立証審議で取り上げられたことにより、関心が寄せられるようになった。[2]

東京裁判の公判廷で、総力戦研究所がとりあげられたのは、一九四六年一〇月二一日からはじまった「昭和七年度以降の「日本の一般的戦争準備」」の審議だった。一九三七年の国家総動員法の発令によって、日本は一挙に全体主義国家に飛躍し、ついに侵略拡張政策に転じた。それはまた同時にあらゆる教育機関と宣伝機関を動員するきっかけとなり、特に総力戦研究所設立は、その最たるものであると検察側は告発した。

総力戦研究所の証人喚問が裁判所側から要請されたとき、日本側は誰にするかその人選に迷ったが、結局研究所所員であった堀場一雄元陸軍大佐が自らかって出た。総力戦研究所で行われた種々の研究が、政府の政策立案及び決定に寄与したのではないかという検察側の質問に対して、堀場は、「研究所はたんなる教育機関であって、研究内容及びその成果が政府の政策に影響したという事実は全くない」と否定した。ウエッブ裁判長も、研究所が侵略戦争の共同謀議に関して、かなり高い重要な地位を占めていたのではないかと堀場に糾した。これに対し堀場は、「当時研究所の所員及び研究生一同の研究成果は、南方における戦いは必ず長期戦となり、日本の国力はこの負担にたえられず、戦争末期には必ずやソ連の不法参戦となり、日本は敗北せざるを得なくなる」との結論だったとして、告発を全面否定した。

結局、検察側は、政策決定に寄与したという告発は立証できず、頓挫した。

IPSが総力戦研究所を「犯罪組織」としてマークしたのは、その名称〝Total War Research Institute〟に着目したからであろう。すなわち日本の総力戦政策を推進した組織と誤認したからだ。

IPSは、一九四六年四月、内閣書記官室にあった多量の総力戦研究所の資料を発見し、押収した。これらは〝Prosecution II Evidential Documents〟のなかに収録された。本書に収録された研究所の第一次資料のほとんどは、これらの資料からなっている。しかし資料は膨大（六千枚ほど。すべて日本語）で、ほんの少しが英文に翻訳された。

東京裁判の開廷後の四六年五月二〇日と五月二七日、IPSは総力戦研究所の初代所長である元陸軍中将の飯村穣を尋問した。その内容は研究所の概略と二八人の裁判被告のうち誰が研究所と関係があったかをただしており、飯村は、陸軍の東条英機、武藤章、海軍の岡敬純、企画院総裁の星野直樹らについては、関与を認めている。(3)

以後、極東国際軍事裁判記録の公開や、研究所関係者らの回想録などが刊行されるなど、研究所の詳細が次第に明らかになり始めたことにより、一九七〇年代から九〇年代にかけて研究所をテーマとする研究の進展が多くみられることになる。(4)換言すれば、このような研究状況は、研究所が注目されたことの証左といえよう。とりわけ、関心が寄せられた一例として、アジア・太平洋戦争開始直前の一九四一年七月から八月にかけて実施された「第一回総力戦机上演習」が挙げられる。周知のように、この机上演習では、研究生らが模擬内閣を組織し、アメリカと戦争した場合の戦局がいかに展開されるか、そのシミュレーション演習が実施された。その結果、日米戦は長期戦となることが予想され、日本の国力ではそれに耐えきることができず、最終的にはソ連の日ソ中立条約破棄により満洲へ侵攻して日本の敗北は避けられないとした「日本必敗」の結論が導き出された。机上演習が出した結論は、実際の戦局推移に酷似していたこともあり、研究所の評価を高めることにつながる。このような経緯もあり、机上演習は研究対象として益々関心が寄せられると同時に、歴史学にとどまらず、他分野においても机上演習が取り上げられるようになり[5]、研究所の研究は多岐にわたって蓄積され、進展しているといってよいだろう。

研究所に関する研究は以上のような状況だが、課題も残されている。第一に、研究所に対する関心・研究には偏りがあり、研究所の全体像を把握するまでには至っていないことである。前述のように、その結論の独自性からか、開戦直前の机上演習に問題関心が集中し、従来の研究においてもこれを取り上げたものが多く散見されるものの、それ以外の活動に注目した研究は、ほとんど見受けられない。後述するように、机上演習は、一度限りではなく、開戦以降も複数回行われ、その都度、演習方式を変更しており、研究所の主要な研究・訓練の一つであることに変わりはないが、研究所の主たる活動は総力戦に関する調査研究と、研究生への教育訓練であり、机上演習はその一翼を担うにすぎない。そのため、上述の机上演習の結論をもって、直ちに研究所の評価に結び付けるのは早計であり、その他の活動も取り上げてこそ、研究所の全体像が把握できよう。

第二に、研究所に関する諸資料の状況にある。すなわち、その所在を確認できるのは防衛省防衛研究所、国立公文書館などに限られ、内容も断片的なものにとどまり[6]、確認できる資料も、アジア・太平洋戦争開戦以前のものが多数を占め、それ以降の資料はほとんど見受けられない状況にある。このような資料的制約も、研究所の実態を把握することが困難な要因として考えられるのである。

本資料集には、これまでほとんど明らかにされていなかった開戦以降の諸資料も収録しており、机上演習のみならず、所員、研究生などの研究所関係者らがいかなる調査研究・訓練活動を行っていたかがわかる内容の資料も含まれている。その意味で、総力戦研究所の全貌を把握したものは本資料集が初めてとなり、その詳細を探るうえでも有意義な活用が期待できよう。

また、当該期に盛んに議論されていた総力戦体制を考察するうえでも本資料集は有益になると思われる。総力戦体制に関しては、政治、経済、社会など、国内のあらゆる側面が総力戦を契機として平準化、制度化、近代化といった強制的均質化された構造へと変化したことを指摘した「総力戦体制論」が九〇年代以降において注目された。[7] 同様の視点から、戦時と戦後の連続性を強調し、戦時期に経験した総力戦が戦後の社会を規定したとする「戦時期源流説」も提示されるようになる。[8] これらの研究に対しては、総力戦体制と戦後改革・高度成長期とを強引に結びつけることを疑問視し、戦時期のみならず、戦後の変化をも検証する必要性を主張するなど、すでにいくつかの批判が挙げられている。[9]

このように、「総力戦体制論」をめぐる研究は今日までに多く蓄積されてきたものの、戦時を特殊性からではなく、普遍性からの把握を試み、平準化、制度化の進展と、戦後との連続性を強調したことで、かえって戦時期の時代像を一面的なものにしてしまったとの評価がなされ、[10] 議論の焦点も連続か断絶かの一点に集約されたがゆえ、退潮傾向にあるとの指摘もなされている。[11] また、「総力戦体制論」自体も制度論的な観点からの検証が先行し、総力戦体制そのものの史料的考察が不十分であるように思われるが、こうした問題点も、上述のような状況が生じた要因として考えられるのである。

こうした現状を踏まえ、近年では、従来から議論が進められてきた昭和戦時期の研究潮流である「総力戦体制論」と「革新派論」に内在された欠落点を把握し、戦後体制を前提とした「戦時体制」論の再構築が提唱されているように、[12] 総力戦体制を含めた戦時体制を改めて検討する必要性が今日的課題として俎上に載せられたことは特筆すべき点である。その意味で、従来とは異なる、新たな総力戦体制像を、史料的実証も行いつつ、構築してゆくことが上述の問題点を克服するうえでの必要不可欠な作業になると思われる。

以上、「総力戦論」に関する諸課題を踏まえると、本資料集が果たす役割は以下のように位置づけられる。総力戦研究所は研究所所員・研究生として入所した官僚らを中心に、国家総力戦に関する調査研究、および教育・訓練を行うために開設された研究機関である。その主たる目的は、指導的立場にある行政官らがこれら諸活動を通じて、総力戦体制の構築を指向することにあった。その意味で、総力戦研究所は、内外から総力戦体制の構築が要請された当該期においてその担い手を負う政治主体の一つに数えることができる。ゆえに、当該期の官僚らは、総力戦をいかに捉え、運営してゆこうと試み、また、総力戦がいかに進展すると想定したか、官僚らが指向した総力戦体制の実態を把握するうえで、本資料集は有益なものと思われ、日本の総力戦体制の実像を検討するための一助としての役割が本資料集には期待できよう。

以上、上述した諸点を踏まえ、本稿は先行研究や既出資料等にも依拠しつつ、総力戦研究所が行ってきた調査研究活動の実態を概観し、総力戦研究所を通じた総力戦体制についての考察を試みることで、本資料集の解説としたい。

二　総力戦研究所設置の背景

総力戦研究所は、前述のように一九四〇（昭和一五）年一〇月に開設されたが、それ以前より陸軍軍人らが中心となって総力戦研究のための機関の設置を構想していたことが確認できる。一九三一年、駐英大使館付武官補佐官としてイギリスに赴任していた陸軍中佐の辰巳栄一は、同国の帝国国防大学が、将来を嘱望されている各界の若手を集め、国家総力戦に関する研究や人材育成を行っていることに注目した。一九三六年に再渡英した辰巳は、日本においても同様の大学を設立するよう、報告書を作成し、参謀本部に送付している。

さらに、辰巳の再渡英と同時期にフランスに滞在していた陸軍大尉の西浦進は、同国で国防大学設置の計画がされている情報を入手し、辰巳と同様、参謀本部へ国防大学の設置を請願している[13]。

その他、三六年九月からドイツに駐在していた参謀本部第一部の高嶋辰彦は、帰国直前にイギリスにいた辰巳を訪れ、同国の国防大学についての説明を受けており、帰国後は国防大学の設置を各方面に訴え続けている。高嶋自身も、帰国後の一九三八年三月、参謀本部第一部の外郭団体として「総力戦研究室（同年四月に国防研究室と名称変更）」を設置、翌年五月には財界からの資金寄付を目的とした財団法人「皇戦会」を国防研究室の外郭団体として設立し、総力戦の研究・普及、および思想戦の強化に従事するようになる[14]。

以上のように、三〇年代に渡欧していた陸軍軍人らは、ヨーロッパ主要国で見聞した国防大学を高く評価し、日本においても同様な機関の設置を強く訴えていた。また、西浦は育成する人材に関しても、各省庁の若手官僚のみならず、民間企業の若手社員も積極的に登用し、同機関を陸軍の一機関とすることには否定的であったと後年回想しているように[15]、軍官民一体の機関を構想していた。

その後、西浦が中心となって、海軍省軍務局第一課局員の鹿岡円平、大蔵省主計局予算課長の植木庚子郎から総力戦研究所設置の同意を得て、研究所の設置を企画院の仕事として実施するように企画院第一部長の秋永月三に要請し、内閣総理大臣直属の機関として設置されることになる[16]。

三　総力戦研究所の設置とその機構

1　設立趣旨

以上の経緯を踏まえ、一九四〇（昭和一五）年八月一六日の閣議にて総力戦研究所の設立が正式に決定される。同日の閣議決定「総力戦研究所設置ニ関スル件」は、以下のようなものであった。

近代戦ハ武力戦ノ外思想、政略、経済等ノ各分野ニ亘ル全面的国家総力戦ニシテ第二次欧州大戦ハ本特質ヲ如実ニ展開シ支那事変ノ現段階モ亦カカル様相ヲ呈シツツアリ皇国カ有史以来ノ歴史的一大転機ニ際会シ庶政百般ニ亘リ根本的刷新ヲ加ヘ万難ヲ排シテ国防国家体制ヲ確立センカ為ニハ総力戦ニ関スル基本的研究ヲ行フト共ニ之カ実施ノ衝ニ当ルベキ者ノ教育訓練ヲ行フコト必要ニシテ此ノ事タルヤ延テ政戦両略ノ一致並ニ官吏再訓練ニ貢献スルコト少カラスト認メラル依テ左記要領ニヨリ総力戦研究所ヲ設置シ総力戦態勢整備ノ礎石タラシムルコト現下喫緊ノ要務タリ(17)

総力戦を「武力ノ外思想、政略、経済等ノ各分野ニ亘ル全面的国家総力戦」と規定し、「支那事変ノ現段階モ亦カカル様相ヲ呈シツツアリ」として、交戦中であった中国との戦局を、総力戦段階に進展していると位置づけている。このような戦局を打開、刷新するためには「総力戦ニ関スル基本的研究」と「(総力戦研究の)実施ノ衝ニ当ルベキ者ノ教育訓練」が必要不可欠であり、「政戦両略ノ一致並ニ官吏再訓練ニ貢献」できると、政治と軍事の一体化が進むと同時に官僚らの再訓練にも繋がるとして期待を寄せている。すなわち、総力戦的展開へと至った日中戦争を可及的速やかに解決するためには、総力戦体制の早急な構築が必要であるとする当該期の政治的情勢が、総力戦研究所の設立を促す結果となったのである。(18)

さらに総力戦研究所設置の詳細な理由を記した「総力戦研究所設置ニ要スル経費」は以下のような内容が記されている。

一、総力戦研究所設置ノ必要ナル主タル理由

1、武力戦以外ノ思想戦、政略戦、経済戦等ニ関スル基本的調査研究ノ不充分特ニ従来ノ研究ハ動モスレバ消

極的防衛戦ニ惰シ積極的攻勢戦ニ於テ欠クル所多キノミナラズ武力、思想、政略、経済戦等ヲ一元的ニ総合セル所謂総力戦ニ関スル体系ノ研究ノ不充分ナル現状ヲ打開スルコト

2、政戦両略ノ調整ニ於テ欠クル所多キ現状ニ鑑ミ軍官民ヲ通ジ将来国家枢要ノ地位ニ立ツベキ者ノ教育訓練ヲ行ヒ其ノ思想的統一ヲ図リ以テ政戦両略ノ一致並ニ官吏ノ再訓練ニ資スルコト

3、各省割拠主義、官民対立ノ観念ヲ打破シ軍官民ヲ通ズル挙国一体的新体制実現ノ一助タラシムルコト[19]

総力戦研究所設立の主たる目的は、第一に武力、思想、政略、経済戦を一元的に総合した「所謂総力戦ニ関スル体系ノ研究ノ不充分ナル現状ヲ打開」すること、第二に「軍官民ヲ通ジ将来国家枢要ノ地位ニ立ツベキ者」に対して「思想的統一」および「政戦両略ノ一致」を目的とした教育訓練を実施すること、そして第三に「各省割拠主義、官民対立ノ観念ヲ打破シ軍官民ヲ通ズル挙国一体的新体制」を実現することにあった。特に「各省割拠主義」、いわゆる各省セクショナリズムの打開は、先述の西浦も克服すべき問題として意識しており、陸海軍の武官や一般の文官が一緒に暮し、互いに自由な討議を行う場を設ける必要があったと後年に述べている[20]。

以上のように、総力戦体制についての研究、および官僚らへの教育・訓練という趣旨のもと、総力戦研究所は設立されたが、その背景には、長期化しつつある中国との戦局を早急に収束させる必要があり、その解決策として総力戦体制の構築が主張されるものの、各省のセクショナリズムによって政治が一向に進展しない当時の国内外の情勢があったのである[21]。

2 所員の構成

前述の「総力戦研究所設置ニ関スル件」には、設立趣旨に続いて研究所の人事構成などに関する内容が以下の六項目にわたって記載されている。

一、総力戦研究所ハ国家総力戦ニ関スル基本的調査研究ヲ行フト共ニ総力戦実施ノ衝ニ当ルベキ者ノ教育訓練ヲ行フヲ以テ目的トスルコト

二、総力戦研究所ハ内閣総理大臣ノ監督ニ属スルモノトスルコト

三、総力戦研究所ハ所長（陸海軍並将官又ハ勅任文官）並ニ所員若干名ヲ以テ構成シ各庁並ニ民間ニ於ケル優秀ナル人材ヲ簡抜スルコト

四、研究員ハ差当リ文武官及民間ヨリ簡抜シタル者若干名ヲ以テ之ニ充テ其ノ教育期間ハ概ネ一年トスルコト

五、研究所ハ至急之ヲ開設シ先ヅ所員ヲ以テ総力戦ニ関スル基本的調査研究ヲ行ヒ昭和十六年度ヨリ研究員ノ教育訓練ヲ実施スルモノト予定スルコト

六、本件ニ関スル経費ニ付テハ適当ナル措置ヲ講スルモノトスルコト(22)

総力戦研究所は「内閣総理大臣ノ監督ニ属」し、「所長（陸海軍並将官又ハ勅任文官）並ニ所員若干名」と「文武官及民間ヨリ簡抜」された「研究員」により構成され、所員は「総力戦ニ関スル基本的調査研究ヲ行ヒ」、研究員に対しては翌年から「教育訓練ヲ実施スル」ことが記載されている。所長・所員と研究員に分け、総力戦の研究・教育訓練を行い、総力戦研究を進めてゆく方針であった。

以上のような規定を設け、所長・所員を採用することになる。**表1**は、研究所の開設から廃止までの期間中に変更された採用予定人員数を、総力戦研究所官制

表1　総力戦研究所採用予定者数　（単位：人）

職名	対象官吏	勅令第648号 (1940.9.30)	勅令第486号 (1941.4.24)	勅令第734号 (1942.11.1)	勅令第800号 (1943.11.1)
所員	奏任(内勅任)	11(3)	20(4)	17(4)	8(2)
助手	判任	5	9	6	3
書記	判任	3	7	5	2
体育官	奏任	−	1	1	−
事務官	奏任	−	1	1	1
	計	19	38	30	14

出典：『総力戦研究所 法令・資料 昭15.9.30～20.3.14』防衛省防衛研究所所蔵、中央-戦争指導その他-191より作成。

の改訂ごとにまとめたものである。後述するように研究所の開設当初は研究所として調査研究する体制が整っておらず、所員の個別的な研究に頼らねばならない状況であり、採用予定者数も所員、助手、書記のみの計二〇名前後にとどまっていた。研究所が本格的な活動を開始するのは、研究生の入所する一九四一（昭和一六）年四月以降になるが、それに伴い、四月の改訂による採用予定者数は増員され、体育訓練を行う体育官や事務官なども新たに採用されるようになった。だが、それ以降、採用予定者数は徐々に減少し、最後の改訂である四三年一一月には開設当初の予定者数よりも下回っていることがわかる。採用予定人員の減少は、開戦以後、南方占領地域の拡大に伴い、同地域への人員捻出を主眼とした「行政簡素化実施要綱」（一九四二年六月一六日閣議決定）など、人員整理を実施せねばならない新たな政治的状況が生じていたことが背景に挙げられるが[23]、総力戦研究所もその影響を受け、人員を減少せねばならなかったのである。

次に所員の構成の特徴についてみてゆく。**表2**は研究所が設置されていた期間における所長・主事・所員の採用者数を、所属機関ごとにまとめたものである。外務省、陸軍省、農林省が他省と比較して採用者が多いものの、ほぼ全ての省庁から所員を採用しており、一つの省庁に採用が偏っていないことが見受けられる。所員は、先述の西浦が目指していたように、セクショナリズムの克服を意識した構成であった。その一方、所長は開設当初に事務取扱として就任した企画院総裁の星野直樹以外は全て陸海軍出身者で占められている。西浦は、将来的には文官が所長に就任することが望ましいと考えていたものの[24]、実際には全期間を通じて軍官が就いており、西浦が理想とする機構編成には至らなかった。

また、総力戦研究所には専任の所員のほか、他省庁の役職を兼ねた兼任所員も在籍していた。兼任所員については、一九四〇年四月一日「所長達第三号」にて「研究生ノ教育ヲ分担スルノ外本務ニ関連シテ当所ニ於ケル研究ニ参加シ研究資料ノ収集ニ任ズ[25]」として、専門分野に関する研究生の教育と、研究資料の収集が職務に定められている。**表3**は研究所開設当初に任用された兼任所員の一覧表であるが、その人員構成は、陸海軍省や内閣、商工省など、一部の

表２　総力戦研究所所員採用者数（1941年４月～1945年３月）　（単位：人）

所属機関＼役職		所長	主事	所員	兼任所員	員数	備考
官吏	内閣	1			3	1	含関東局、枢密院、会計検査院、行政裁判所、貴族院、衆議院
	外務省			5		2	
	内務省		1	3		4	
	大蔵省			2	2	2	
	陸軍省	2	1	5	7	3	
	海軍省	2	2	3	4	3	
	司法省					1	
	文部省			1		3	含学校関係
	農林省			4	1	2	
	商工省		1	2	3	2	
	逓信省			3		1	
	鉄道省			1		1	
	拓務省・大東亜省			1		2	含朝鮮総督府、台湾総督府、樺太庁、南洋庁
	厚生省			1		1	
	小計	5	5	31	20	28	
民間	満支関係			1		2	所管官庁　内閣
	言論関係					1	〃　内閣
	金融関係			2		1	〃　大蔵省
	農林漁業関係					1	〃　農林省
	商工鉱業関係			1		2	〃　商工省
	運輸動力行関係					1	〃　逓信省但鉄道省ト協議
	小計			4		8	
不明				3			
合計		5	5	38	20	36	

注：内閣は企画院、文部省は大学関係、拓務省・大東亜省は朝鮮総督府、金融関係は日本銀行をそれぞれ含めて換算。
出典：森松俊夫著『総力戦研究所』（白帝社、1983年）224~227頁

省庁に限られており、各省庁からまんべんなく採用された専任所員とは異なった特徴であることがうかがえる。さらに、これらの兼任所員の一部には、企画院を主な拠点としていた「革新派」官僚やそれに近い官僚らの名前も散見される。すなわち、山田秀三、秋永月三、足羽則之、迫水久常、美濃部洋次、神田暹であるが、これら兼任所員には、国策機関である企画院との関係性も存在したのである(26)。

最後に所員の選定方法を見てゆく。史料的制約のため、所員の選定についての詳細な方法・過程は明らかではないが、商工官僚の岡松成太郎が総力戦研究所に所員として出向したいきさつを後年回想している。岡松は一九二八年四月に商工省に入省、保険局、特許局、燃料局、総務局などを経て、一九四〇年八月に大臣官房会計課長に就任の後、同年一〇月から一九四三年三月まで総力戦研究所に所員として赴任することに

表3　総力戦研究所兼任所員一覧

省庁	氏名	本職	教育分担
内閣（企画院）	山田秀三	企画院第四部調査官	生産力拡充
	鈴木重郎	企画院第四部書記官	物資動員
	秋永月三	企画院第一部長	特に指定する事項
	足羽則之	企画院第六部書記官	陸上輸送
陸軍省（含参謀本部）	真田穣一郎	陸軍省軍務局軍事課長	陸軍軍制
	岡田菊三郎	陸軍省整備局戦備課長	陸軍軍制の一部
	藤室良輔	陸軍技術本部総務部長	陸軍兵器技術資材
	唐川安夫	陸軍参謀本部課長	外国情勢の一部
	磯村武亮	陸軍参謀本部課長	外国情勢の一部
	石川正美	陸軍大学校兵学教官	陸軍戦術
海軍省（含軍令部）	石川信吾	海軍省軍務局第二課長	海軍軍制の一部
	橋本象造	海軍省兵備局第一課長	海軍軍制の一部
	小川貫爾	海軍軍令部部員	外国情勢の一部
	山澄忠三郎	海軍大学校教官	海軍戦略戦術史
大蔵省	迫水久常	大蔵省理財局企画課長	国内金融の一部
	野田卯一	大蔵省為替局総務課長	国際金融
農林省	周東英雄	農林省総務局長	農林省関係事項
商工省	神田暹	商工省総務局総務課長	経済新体制
	新井茂	貿易局総務課長	貿易統制
	美濃部洋次	物価局総務課長	物価統制

出典：太田弘毅「総力戦研究所の設立について」『日本歴史』355号、1977年、50、51頁

なる。[27]岡松によると、当時商工次官であった岸信介に呼ばれ、総力戦研究所へ出向するよう直接打診されたと述べている。また、総力戦研究所の所員は、企画院と同様、政策の立案を得意とする各省の官僚らが集められていたと、人員構成の特徴についても言及している。[28]岡松の口述からは、所員を選定するにあたって、第一に自身が所属する省庁の次官などから研究所への出向を直接命じられたこと、第二に所員の選考基準には企画院に出向した官僚と同様、政策立案を得意とする官僚らが対象とされていたことが確認できる。

以上の選定基準・方法が他省庁でも適用されていたかは現在のところ明らかではないが、少なくとも総力戦研究所の所員として赴任した官僚らの特徴には、国家総力戦体制に直結する政策を立案することに長けているといった共通点がうかがえよう。

3　研究生の構成

研究生は一九四一（昭和一六）年から四三年までの期間中、計三回にわたって採用されている。すなわち、第一期研究生は四一年四月から翌年三月まで、第二期研究生は四二年四月から翌年三月まで、第三期研究生は四三年四月から一二月までの各期間であった。最後に採用した第三期研究生に関しては、四三年一〇月二一日の「総力戦研究所停止ニ関スル閣議決定ニ基ク措置要綱[29]」によって、一二月一五日までに短縮された。以降、研究生の採用・教育は停止されることになる。**表4**は第一期から三期までの研究生採用者数を、所属機関ごとに分けたものである。第一期と第二期の研究生採用予定者数に関しては別史料から特定できるため、表に組み入れた。各期間において、概ね四〇名ほど採用されており（内訳は官庁が二五から二八名ほど、民間が一〇名前後）、ほぼ予定通りであったことがうかがえる。また、陸軍省、内務省が他機関と比較して若干多いものの、総じて採用省庁の極端な偏りは見受けられず、先述の所員の人員構成に酷似していることがわかる。研究生もまた所員同様、セクショナリズムの克服を意識した特徴を有していたといえよう。

表４　総力戦研究所研究生採用者数（1941年4月～1943年12月）　（単位：人）

所属機関＼入所期間		第一期研究生 (1941.4~1942.3)		第二期研究生 (1942.4~1943.3)		第三期研究生 (1943.4~1943.12)	員数	備考
		採用予定者	実際採用者	採用予定者	実際採用者			
官吏	内閣	1	1	1			1	含関東局、枢密院、会計検査院、行政裁判所、貴族院、衆議院
	外務省	2	2	2	2	2	2	
	内務省	4	4	3	3	4	4	
	大蔵省	2	2	2	2	3	2	
	陸軍省	3	3	3	3	4	3	
	海軍省	3	2	2	2	2	3	
	司法省	1	1	1	1	1	1	
	文部省	3	3	3	2	3	3	含学校関係
	農林省	2	2	2	2	2	2	
	商工省	2	2	2	2	2	2	
	逓信省	1	1	1(2)	1		1	
	鉄道省	1	1	1	1	1	1	
	拓務省・大東亜省	2	2	3	3	3	2	含朝鮮総督府、台湾総督府、樺太庁、南洋庁
	厚生省	1	1	1	1	1	1	
	小計	28	27	27(28)	25	28	28	
民間	満支関係	2	2	3	2	2	2	所管官庁　内閣
	言論関係	1	1	1	1	2	1	〃　内閣
	金融関係	1	2	1	1	1	1	〃　大蔵省
	農林漁業関係	1		2	2	1	1	〃　農林省
	商工鉱業関係	2	2	4	3	4	2	〃　商工省
	運輸動力行関係	1	1	2(1)	2	2	1	〃　逓信省但鉄道省ト協議
	小計	8	8	13(12)	11	12	8	
皇族		—	1	—				
不明		—		—	3			
合計		36	36	40(40)	39	40	36	

注：内閣は関東局、枢密院、会計検査院、行政裁判所、貴族院、衆議院を、拓務省は台湾総督府、朝鮮総督府、樺太庁、南洋庁を、金融関係は日本銀行をそれぞれ含めて換算。表中逓信省および運輸動力行関係の「○（△）」は「○又ハ△」の略記。

出典：第一期および第三期研究生は、森松俊樹著『総力戦研究所』白帝社、1983年、113～116頁、141~143頁、145~148頁、第二期研究生は、「昭和十七年度総力戦研究所研究生ニ関シ入所資格、定員、各省其他ニ対スル割当並銓衡方法等方針ノ件」JACAR（アジア歴史資料センター）Ref. A04018644700、公文雑纂・昭和17年・第一巻・内閣一・内閣一（国立公文書館）より作成。

次に研究生の選定基準・方法について見てゆく。一九四一年二月一〇日付「昭和十六年度研究生（仮称）採用ニ関スル件」に初めて研究生の資格、銓衡方法、教育期間などに関する以下のような規定が設けられた。前節の「総力戦研究所設置ニ関スル件」内に記載された研究員に関する文言を、より具体的な条文へと改正したものといえよう。

一、資格
イ　人格高潔、知能優秀、身体強健ニシテ将来各方面ノ首脳者タルベキ素質ヲ有スルモノ
ロ　武官—少佐大尉級ノモノ
文官—高等官四等乃至六等ニシテ高等官任官後五年以上ヲ経過シタルモノ
民間—右文武官ニ準ズル職歴経験ヲ有スルモノ
備考
ナルベク年齢三十五歳迄ノモノヲ選抜スベキモノトス
二、銓衡方法
イ　官吏
各省ハ適当ノ候補ヲ銓衡シ研究所ト協議ノ上之ヲ選定ス
ロ　民間
各所管省ニ於テ割当ノ三倍以上ノ候補者ヲ推薦シ研究所ニ於テ其ノ中ヨリ選定ス
三、研究期間
昭和十六年四月ヨリ昭和十七年三月ニ至ル一年間トス
本期間中所属各省各機関等ハ派遣中ノ研究生ヲシテ本務ニ従事セシメ又ハ其ノ都合ニ依リ中途退所セシムルガ如キコトヲナサザルモノトス

（中略）

五、備考

研究生ハ各省又ハ各機関ノ現職ノ儘入所スルモノニシテ従テ其俸給賞与ハ所属省又ハ機関ニ於テ支弁スルコトトナル但研究所在所中研究生ノ資格ニ於テハ研究所長ノ指揮監督ヲ受ケ研究ノ為出張ヲ命ゼラレタル場合ハ研究所ヨリ旅費ノ支給ヲ受クルモノトス右ニ付必要ナル法令上ノ措置ハ現在手続中ナリ[30]

研究生は「人格高潔、知能優秀、身体強健」という要素と「将来各方面ノ首脳者タルベキ素質ヲ有スル」人物、すなわち、将来、官庁や民間企業において指導的地位を背負うであろうと嘱望されていた官僚・社員らを採用としての条件に挙げていた[31]。そのためか、年齢制限を、「ナルベク年齢三十五歳迄ノモノ」とし、「少佐大尉級ノ」武官と「高等官四等乃至六等ニシテ高等官任官後五年以上ヲ経過シタ」文官、および「右文武官ニ準ズル職歴経験ヲ有スル」民間人に設定している。この条件に該当する人物は、概ね省庁の課長級クラスにあたる。また、入所期間は一年間であり、その期間は「都合ニ依リ中途退所セシムルガ如キコトヲナサザルモノ」とあるように、総力戦についての教育訓練に専念させようとする方針であった[32]。

以上のように、将来を有望視されていた若手官僚・民間社員らを研究生として受け入れ、研究生らは約一年間、総力戦に関する教育訓練を行ったのである。

四　外部から期待された政治的役割

では、当時の為政者らは総力戦研究所にいかなる役割を求めたか、換言するならば、総力戦体制の確立といった当該期における外部からの要請に対して、為政者らはいかなる政治的役割を総力戦研究所に期待していたのかを考察してゆく。当該期は、一九四〇（昭和一五）年七月の第二次近衛文麿内閣の発足に伴い、政治制度体制の強化、いわゆる近衛新体制運動が政治課題として浮上していた。その一環として、行政機構や官吏制度の改革を目指した「官界新体制」問題も俎上に載せられており、閣僚らもその改革に意欲を燃やしていた状況にあった。[33]各政治団体も独自に改革案を作成してゆくことになるが、その中には総力戦研究所について言及されたものも見受けられる。同年一二月二七日に大政翼賛会企画局制度部が作成した「官界新体制要綱（案）[34]」には、「責任感ノ強化、能率ノ高度化、割拠主義ノ克服ニ依ル行政ノ一元化、計画経済ノ合理的進展ヲ図ル」ことを改革の指標とし、「官吏制度ノ改革ヲ断行」する案を提示している。その中の「官吏制度ノ改革」の項目には「官吏ニ対スル基礎的訓練ヲ実施スルト共ニ其ノ再訓練ヲ行フ施設ヲ設ケルコト」として、上記で掲げられた目標を達成するために官僚らに対して訓練を行い、そのための施設を設置することの必要性が述べられている。また、同部は、上記の改革案を達成するために必要となる研究項目を列挙した「官吏制度ニ関スル研究項目[35]」を作成しており、「七、官吏ノ教養、訓練ニ関スル件」と題する項目では「総力戦研究所ノ拡充強化」を挙げている。

すなわち大政翼賛会は、新体制に関する教育を、官僚らに行うための訓練施設として総力戦研究所を活用し、その機能を拡充強化することによって「官吏制度ノ改革ヲ断行」することを主張していた。実際、上記の「官吏制度ニ関スル研究項目」について、当該期の政治学者・法律学者らの意見をまとめた「官吏制度改革ニ関スル各方面ノ意見（要領）（二）」には、以下のような主張が見受けられる。

矢部貞治：「現在ノ官吏ヲ再教育スル必要ガアル。ソレニハ総力戦研究所ヲ拡大シテ利用スレバヨイ」
鈴木安蔵：「官吏再訓練ハ総力戦研究所、民間会社等ニ於テ実習ノコト」
蝋山政道：「総力戦研究所デハ参事官ノ教育ヲ為シ、属、雇、技手ノ事務ヲ執ラセツツ上段ノ者ガ為ス様ニスルコト。」

田沢義鋪：「総力戦研究所ノ強化拡充、試補期間ノ訓練ハ全的ニ賛成デアル。」
山崎清範：「官吏再訓練ノタメ総力戦研究所ヲ拡大スル必要アリ、翼賛会ニ於テモ為スベキデアル。[36]」

若干の相違はあるものの、官僚の訓練・教育実施を総力戦研究所で実施することに関しては概ね見解が一致している。その他にも、南満洲鉄道株式会社に能率指導家として出仕していた金子利八郎[37]は「官吏再訓練ハ余リ感心シナイ」と留意するも、「総力戦研究所ニ官界ノ第一人者ヲ集メ、外国ニ出張セシメテ世界ヲ深ク認識セシメル必要ガアル」として、各省庁の優秀な官僚を総力戦研究所に集め、世界情勢を認識させるために海外出張を行うことを提言しており、各省庁の官僚を総力戦研究所に集め、何らかの活動を行うことについては上記の意見と共通している。そのような意味で、当該期の為政者らは、前述の西浦の回想と同様、総力戦研究所に各省庁から優秀な官僚を集め、当該期の政治情勢を共通認識として享受させることで、各省庁の割拠主義を克服するための機関として運用することを求めていたのである。

五　研究、教育活動の内容

次に、研究所が実施した調査研究や教育訓練について触れてゆくが、研究所の活動期間を大まかに分けると、以下のような五つの時期に区分される。すなわち、開設から研究生入所以前まで（一九四〇年一〇月〜四一年三月）、第一期研究生教育訓練期（四一年四月〜四二年三月）、第二期研究生教育訓練期（四二年四月〜四三年三月）、第三期研究生教育訓練期（四三年四月〜一二月）、研究所閉鎖まで（四四年一月〜四五年三月）である。以下、各期間において実施された調査研究、教育訓練の内容をそれぞれ述べてゆきたい。

1　開設から研究生入所以前までの研究概要（一九四〇年一〇月～四一年三月）

前述の「総力戦研究所設置ニ要スル経費」には、「研究及教育項目」と題した研究、教育すべき項目として、五種二三項目が記載されている[38]。前述のように、研究生の教育訓練は一九四一（昭和一六）年四月に始まるが、それ以前は所員が中心となって総力戦の基礎研究を行う計画であった。開設直後の四〇年一〇月から翌年三月までの業務計画を明記した「昭和十五年度総力戦研究所業務計画[39]」には、「開設期タル本年度ニ於ケル当初ノ業務ハ経歴ヲ異ニスル新任各所員ノ自主研鑽相互練磨ニ依リ総力戦ニ関スル基本概念ヲ一致」し、「次年度以降ニ於ケル当所業務遂行上必要ナル諸準備」を行い、各所員の総合研究の結果を審議して、「総力戦綱要草案」を作成することが記されている。当初は所員全員での研究は実施されず、所員が個々に研究を行い、その研究結果を統合し、総力戦に関する要綱を作成する計画であった。その背景には、前述の「総力戦研究所設置ニ関スル件」にも、「研究所ハ至急之ヲ開設シ」とあるように、設置準備期間が短く、研究活動を行うには不備な状況があったのである[40]。

以上のような経緯で業務計画を立て、研究活動が開始されることになる。四〇年一二月、当時所長を務めていた陸軍中将飯村穣は、軍部出身以外の人を対象に、総力戦体制や国防体制の早急な構築を訴えた「戦争術に関する講和案[41]」を編集している。また、翌年三月一五日付総力戦研究所作成の「皇国総力戦ノ本義」では、冒頭に以下のような総力戦の意義が述べられている。

> 国家ガ他ノ（諸）国家トノ戦争ニ当リ又ハ戦争ヲ予期シ、之（等）ヲ屈服或ハ其ノ敵性ヲ放棄セシムルヲ目的トシテ、軍事ハ固ヨリ政治経済思想等ノ凡ユル部面ニ亘リ国家ノ総力ヲ発揮スルヲ国家総力戦ト謂フ。
> 換言スレバ国家総力戦ハ国防ノ為ノ高度ノ国家活動ナリ[42]

さらに、国家総力戦研究を行う必要性を訴える文章が続き、「戦ツテ必ズ勝チ、戦ハズシテ能ク敵ヲ屈ス。高威ヲ八紘ニ宣揚シ万邦ヲシテ我文教ニ欽仰セシム。是皇国総力戦ノ理想ナリ」と結論付けられているように、総力戦の概念を普及させ、総力戦研究の進展が国家の発揚に繋がることを強調した内容となっている。

以上のような総力戦に関する研究は、既存の戦争指導機構の改革にまで及んでいる。四一年二月三日付で作成された「**皇国総力戦指導機構ニ関スル研究（概案）〈極秘〉**」（第一冊収録。以下、「収録」は略）では、「国防目的ノ達成即総力戦成功ノ為ニハ国家機構ヲシテ之ニ適合セシムルコト」とあるように、総力戦体制に即した政治機構の早急な整備を訴える一方、当該期の政治構造を、「最肝腎ナル総力戦指導ノ中枢機構ノ根本制度ハ明治時代ニ於テ制定セラレタル儘何等ノ改善ヲ見ザル現状ナリ」と捉えているように、既存の指導機構に対して批判的な見解を示している。とりわけ問題視されたのは、「陸海軍統帥部及陸海軍省組織ノ対立統帥ト政務トノ分離（所謂統帥権ノ独立）」であり、その欠点を、「動モスレバ統帥ノ行過ギトナリ経済戦思想戦政略等ヲ軽視又ハ無視シタル武力戦万能ノ弊ニ陥リ国力不相応ノ作戦ヲ企図シ或ハ無計画ノ戦争ヲ誘発スルコトアリ」と述べているように、研究所は、統帥権の独立を政治機構における総力戦体制構築の阻害要因と捉えていたことがうかがえる。

以上のような既存の機構の欠落点を踏まえ、研究所が提示した改革案は、「統帥ト政務ニ密接不可分ノ関聯ヲ保有セシムルト共ニ統帥ノ自由ヲ束縛セラレザルコト」、「陸海軍統帥及陸海軍軍政四者間ノ合理的協調ヲ保タシムルコト」と記されているように、統帥が制約されない範囲で統帥と行政とが一体となり、陸海軍それぞれの統帥、軍政の協調を要請している点にある。併せて、「総力戦指導中枢機構（国防本部ト仮称ス以下之ニ倣フ）ニ於テ計画セラレタルモノハ武力戦、政略、思想戦、経済戦等ノ各部門ニ亘リ実行性ヲ有スルコト」、「国防本部（仮称）ガ各官庁ノ出店組合ノ観ヲ呈シ対立論争又ハ妥協調停ノ機関タル弊ニ陥ルヲ避ケ真ニ総力戦ノ原則ニ従ヒ重点アル機宜ノ対策ヲ可能ナラシメ得ルモノナルコト」と、総力戦の各部門を指導し、各省庁が対立した際の調停を目的とした中枢機関（国防本部）の設立についても言及している。すなわち、研究所が構想する指導機構の改革案は、本資料に付属する各別表でもわかるように、各政治団体の上部に位置する中枢機関を設置し、総力戦政策に関する権限を付与せしめる、極めて

合理的、整合的なものであったのである。(43)

さて、上記のような総力戦に関する調査研究のほか、四一年初頭に作成されたと思われる**「昭和十六年度初頭ニ於ケル総力戦的内外情勢判断〈極秘〉」（第一冊）**では、多くのページを割いて、アメリカ、イギリスと開戦を想定した際の国力判断の調査が行われている。本資料の第一章第三節第一目「英米ノ対日政策ノ実相ト今後ノ推移判断」には、アメリカとの関係性を、「日米(英)関係ノ改善ノ如キハ殆ド期待外」と指摘しており、「大東亜新秩序建設ニ於テソノ行動公明正大ニシテ無暴ノ武力行使ヲ慎ミ、又徒ラニ英米ヲ刺戟シテ其ノ面子ヲ蹂躙スルノ挙ニ出デザル限リ、彼等ガ求メテ本格的重慶援助又ハ全面的経済圧迫延テハ武力開戦等ノ措置ニ出ヅル算ハ極メテ少」と、無謀な武力を行使しない限りはアメリカも武力措置を行わないであろうと予測している。

また、第二目「帝国ノ対米(英)戦準備ノ現状及将来ノ消長予想、米国ノ総力戦能力判断」ではアメリカの対日戦争能力も想定されており、経済力に関しては「米国ノ雄大ナル経済力ノ戦争ニ及ボス与力ハ少クモ開戦後二―三年以後ニ非レバ現ハレ」ないと指摘しつつも、「日米間攻勢的経済戦ノ効果ハ遙ニ米側ニ有利ナリ」と述べているように、日本に対するアメリカの経済力は優位な立場にあると指摘する。その一方、武力戦を「開戦時ニ於ケル総括的武力戦能力ハ我ニ及バザルベシ」とし、思想戦を「(前略) 戦争ノ国民生活ニ及ボス影響ハ相当深刻トナリ、多数ノ在米独伊人ヲ利用スル思想謀略、共産思想、ユダヤ思想ノ跳梁黒人問題等ノ為防禦思想戦ニ於テハ相当ノ弱点ヲ有ス」などと判断しているように、開戦当初における日本の武力的優位性や、アメリカ国内の民族問題などの要因により、日本に有利に戦局が展開すると予測する。概して、年限は記載されていないものの、「日独伊対英米戦」は「長期戦トナラザル限リ彼ハ対日勝算ナカルベシ」との総合判断を下しているように、長期戦にならない限りは対米戦に勝算の見込みありとの判断がなされている。周知のように、後に実施された机上演習では、対米戦は長期戦になると見込まれ、勝算なしとの結論に至っているが、これに比して四一年初頭段階では、短期戦ならば勝算があるとの結論を導き出している。換言するならば、長期戦は全く想定されず、上記の判断を下していることに当該期の研究所の特徴と限界があったのである。実際、上述のように対米関係の現状やアメリカの経済力についてはほぼ正確な判断を下しており、第四目「日米開戦ノ場合彼我ノ主ナル弱点」における「帝国ノ主ナル弱点」の一つにも「軍備充実能力不足ノ為長年月ニ亘ル軍備競争ニ追随不能」と挙げられているものの、長期戦を想定した予測が本資料では全く言及されていないこともその証左であろう。

その他、本資料後半部の「第六節　経済」の「第一目　物資」では、当該期の国内経済力の現状、および今後の見通しを検討している。周知のように当該期の国内経済力、とりわけ物資供給力は減少傾向に転じており、様々な矛盾が生じていたが[44]、研究所も「我国ノ供給力逐年逓減ノ傾向ニアルヲ見ル」と、国力が厳しい状況にあると捉えている。実際、研究所が独自にまとめた物資供給力の比較表（表5）においても、主要物資の大半は各年度の目標に達しておらず、物資によっては三八年度よりも低い数値を示しているように、軒並み低減傾向にあったことがわかる。そして、「（五）綜合的省察」において「十六年度ニ於テハ更ニ拡充ノテンポハ遅レ当初計画ノ相当程度ノ繰延及部分的拋棄ハ必然ニシテ資材ノ割当不足ト海外ヨリノ特殊資材機械技術等ノ供給ノ困難乃至不可能トニ依リ譬へ他ノ条件ニ相当ノ好転ヲ期待シ得ルトスルモ来年度ニ於ケル生産力拡充ニハ一層ノ困難ノ加ハルコトハ予想ニ難カラズ」と、加えられているように、今後の国内経済力の見通しには消極的な見解を示していたことがうかがえる。

その他の研究資料は現在のところ確認できないものの、開設から研究生を受け入れるまでの期間は、総力戦概念の創出、普及のみならず、既存の機構にいかなる形で総力戦体制を適応させるか、政治機構の改革案にまで至っているように、総力戦に関する各種研究を積極的に実施していた。とりわけ、国力判断や国外情勢を基準とした対米英戦を想定した調査研究を当該期に実施していたことは特筆すべき点であろう。周知のように当該期にはこのような調査研究は陸軍や企画院など各政治主体によってなされていたが[45]、総力戦研究所はこれら諸団体と同時期、ないしはそれ以前に取り組んでいた。そのような意味で、総力戦研究所は比較的早い段階で対米英戦を意識し、調査研究を行っていたこともこの時期の特色として浮かび上がるのである。

表５　主要物資供給配当額金額換算指数比較表（1938〜1941年）

	1938(昭和13)年			1939(昭和14)年			1940(昭和15)年			1941(昭和16)年		
	目標(a)	実績(b)	b/a	目標(a)	実績(b)	b/a	目標(a)	実績(b)	b/a	目標(a)	実績(b)	b/a
普通鋼材	100	100	1	121.9	93.8	0.77	136.1	96.1	0.71	157.3	80.2	0.51
普通銑	100	100	1	121.2	122.9	1.01	160.4	138.9	0.87	192.7	159.3	0.83
石炭	100	100	1	112.4	111.8	0.99	122.5	125.7	1.03	133.4	146	1.09
アルミニウム	100	100	1	153.7	159.8	1.04	205.8	220.5	1.07	665.2	361.5	0.54
銅	100	100	1	131.5	101.3	0.77	153.4	105	0.68	183.7	96.7	0.53
鉛	100	100	1	142.8	133	0.93	179.3	195.5	1.09	189.6	181	0.95
亜鉛	100	100	1	125.6	109.6	0.87	157.7	120.2	0.76	170.2	115.7	0.68
苛性ソーダ	100	100	1	97	99.9	1.03	115.4	91	0.79	140.6	92	0.65
硫安	100	100	1	116.5	96.1	0.82	129.5	109	0.84	135	117.5	0.87
人絹パルプ	100	100	1	204.2	141.4	0.69	266.3	191.6	0.72	323.1	247	0.76
工作機械	100	100	1	155.9	134.6	0.86	226.9	125.9	0.55	263.1	96.2	0.37
機関車	100	100	1	111.7	126.2	1.13	119.7	145.9	1.22	125.4	—	—
船舶	100	100	1	136.8	89.2	0.65	149.2	75.3	0.50	161.6	—	—
自動車	100	100	1	286.6	190.4	0.66	414	184.2	0.44	509.5	175	0.34

注：1940（昭和15）年の生産額は推定を含む。41（昭和16）年の生産は物動概略案に依る。
出典：「昭和十六年度初頭ニ於ケル総力戦的内外情勢判断〈極秘〉」より作成。

２　第一期研究生教育訓練期（一九四一年四月〜四二年三月）

第一期研究生の教育訓練は一九四一（昭和一六）年四月より開始されるが、開始日の四月一日に、研究生への教育訓練の具体的な方法を記した「第一期研究生教育綱領及教則」が作成されている。文書中の「第三　教育ノ方法」には、「教科目ノ教育ハ講義並ニ演練ノ二方法ニ分」かち、「講義、演練ハ表裏一体トナリテ相扶ケ相補ヒ理解体得セシムベキモノトス」と、講義と演練の二方法での教育を実施するとされ、両者は表裏一体のものであることが明記されている。講義は、「国体ノ本義ニ関スル科目」と「総力戦ニ関スル科目」の二種類の教科目を実施し、「基礎的知識ヲ与ヘ末節ニ走ラズ又実際的知識ヲ与ヘ徒ラニ理論ニ流レザルコト」とする姿勢で研究生へ講義を行う旨が記されている。**表6**は教育科目の時間配当を記した「教科目講義配当予定表」であるが、「国体ノ本義」に関する講義数が二〇回に対して、「総力戦」および「武力戦」、「外交戦」、「経済戦」、「思想戦」などの総力戦に関する講義数は二七七回もの時間を割り

表6　教科目講義配当予定表　　（単位：時間）

<table>
<tr><th colspan="2" rowspan="2">教育科目</th><th rowspan="2">日課予定表略語</th><th rowspan="2">講義</th><th colspan="2">演練</th><th rowspan="2">机上演習
（日数）</th></tr>
<tr><th>研究会</th><th>課題作業</th></tr>
<tr><td>国体ノ本義</td><td></td><td></td><td>20</td><td colspan="2"></td><td></td></tr>
<tr><td rowspan="5">総力戦</td><td>皇国総力戦ノ本義</td><td rowspan="2">総力戦ノ本義・原則</td><td rowspan="2">20</td><td colspan="2" rowspan="5">80</td><td rowspan="5">102
（36日）</td></tr>
<tr><td>皇国総力戦ノ基本原則並運用</td></tr>
<tr><td>統率</td><td></td><td>10</td></tr>
<tr><td>外国情勢</td><td></td><td>40</td></tr>
<tr><td>総力戦史</td><td></td><td>25</td></tr>
<tr><td rowspan="4">武力戦</td><td>武力戦ノ本質及戦略、戦術</td><td>戦略、戦術</td><td rowspan="2">30</td><td colspan="2" rowspan="4">40</td><td rowspan="4"></td></tr>
<tr><td>戦史</td><td></td></tr>
<tr><td>軍制</td><td></td><td>20</td></tr>
<tr><td>艦船兵器及軍用資材</td><td>兵器資材</td><td>20</td></tr>
<tr><td rowspan="2">外交戦</td><td>外交戦ノ本質・基本原則及運用</td><td>外交戦ノ本義・原則</td><td>15</td><td colspan="2" rowspan="2">30</td><td rowspan="2"></td></tr>
<tr><td>外交戦史</td><td></td><td>10</td></tr>
<tr><td rowspan="5">経済戦</td><td>経済戦ノ本質・基本原則並運用</td><td>経済戦ノ本質・原則</td><td rowspan="3">20</td><td colspan="2" rowspan="5"></td><td rowspan="5"></td></tr>
<tr><td>経済戦史</td><td></td></tr>
<tr><td>戦時経済</td><td></td></tr>
<tr><td>重要物資</td><td>物質</td><td rowspan="2">40</td></tr>
<tr><td>金融財政其ノ他</td><td></td></tr>
<tr><td rowspan="4">思想戦</td><td>思想戦ノ本質・基本原則並運用</td><td>思想戦ノ本質・原則</td><td rowspan="2">15</td><td colspan="2" rowspan="4"></td><td rowspan="4"></td></tr>
<tr><td>思想戦史</td><td></td></tr>
<tr><td>教育問題</td><td></td><td>7</td></tr>
<tr><td>国内思想問題</td><td>思想問題</td><td>5</td></tr>
<tr><td colspan="3">小計</td><td>297</td><td colspan="2">245</td><td>102</td></tr>
<tr><td colspan="3">合計</td><td colspan="4">644</td></tr>
</table>

注：本表備考欄に「講義ノ時間ハ適宜之ヲ演練ニ充当スルコトヲ得」と記載あり。なお、演練時間ノ小計数に誤記が見受けられるが、そのまま掲載した。
出典：太田弘毅「総力戦研究所の教育訓練」『政治経済史学』第142号、1978年、22頁より作成。

当てているように、研究所内での講義は「総力戦ニ関スル科目」に重点が置かれていたことがわかる。

他方、演練に関しては、「研究会、机上演習、課題作業」が挙げられており、それぞれ以下の内容が付されている。

（イ）研究会

適当ナル問題ニツキ研究生（全員又ハ班ニ分チテ）ヲシテ研究討議ヲ行ハシム

（ロ）机上演習

一定ノ想定又ハ問題ノ下ニ研究生ヲシテ総力戦運営ニ関スル具体的措置ヲ演練セシム

（ハ）課題作業

研究生ニ問題ヲ与ヘ研究方法ヲ指導シツツ研究生ヲシテ答案ヲ作成セシム[46]

さらに、「研究生ノ修養研究ニ資セシムベキモノ」として、「体育」、「視察見学」、「講演会座談会」を行うことが示されているように、講義、演練以外の訓練も教育綱領には組み込まれていた。とりわけ、体育に関しては同年四月二四日の「総力戦研究所官制中改正ノ件[47]」にて新たに体育官が加えられており、その理由について法制局は「国民体力ノ増強ハ高度国防国家建設ノ基本的条件ナリ依テ総力戦研究所ニ於テハ其ノ研究生ニ対シ体育訓練ノ国家的重要性ヲ自己体力ノ修練ヲ通ジテ体験感得セシメントス」と述べているように[48]、国民体力の増強へとつながる体育訓練は、高度国防国家の基本であり、その重要性を研究生らにも会得させるために実施された。当該期の所長であった陸軍中将の飯村穣も、後年、インテリを陰性、運動、遊戯を陽性と例え、陰陽のバランスを備えた人材の養成を目指していたと、運動を取り入れた経緯を回想している[49]。

以上のような体制を整え、第一期研究生を迎えることになるが、研究生入所後の研究では、四月二五日作成の「皇国総力戦綱領（概案）[50]」、五月四日作成の「皇国総力戦一般準則（概案）[51]」、および前述の「皇国総力戦ノ本義」などともに、所員の海軍大佐松田千秋が編纂した「総力戦綱要（概案第一巻）」[52]（七月一日作成）が確認できる。その内容は、平時における情勢判断、総力戦計画、総力戦態勢の整備に多くのページが割かれており、総力戦指導を記した「第六章　総力戦ノ指導」では戦争予想期、戦争不可避の時期、開戦後、戦争終末期に分類され、開戦前の要則が強調されたものとなっている。[53]また、「総力戦綱要（概案第一巻）」には武力戦、外交戦、思想戦、経済戦の総力戦各項目要則も併せて編纂されているが、当該資料の目次には別巻扱いとし、「細目ハ追テ定ム」と記されているように、各項目の要則は未だ作成されておらず、保留された状態であったと思われる。本資料集には現存が確認できる**「経済戦要則（概案）〈極秘〉」**（第二冊）、**「総力戦綱要第四編　総力戦ニ於ケル外交戦要則（未定稿）〈極秘〉」**（第三冊）を収録した。なお、両要則は一二月一九日、翌年一月二四日にそれぞれ調製されたことが確認できる。

一方、研究生への教育訓練では、その入所直後から「皇国総力戦の特質に就きて」[54]（四一年四月、研究所所長補佐岡新）や、「研究生に対する所長訓話」（四一年六月、研究所所長飯村穣）、「経済戦史」、「帝国過去諸戦役ニ於ケル戦地使用貨幣ノ研究」、「占領地経済工作」（陸軍少将森武夫）などの講義形式の授業が六月までの約三ヶ月間にわたって行われた。[55]この間、横須賀の海軍諸施設や、戸山ヶ原の陸軍科学研究所への視察、神奈川県座間の陸軍士官学校、同盟通信社、徴兵検査などの見学、北陸方面の油田、工場、発電所への出張なども実施されている。[56]

また、六月中旬からは「第一回総力戦机上演習」が約二ヶ月間にわたって実施された。前述のように、当該机上演習は、アメリカと開戦した想定のシミュレーション演習であり、アメリカとの戦争継続は困難を極め、敗北は不可避であるとの結論に達したことは既に多くの先行研究において言及されているが、本資料に収録されている**「昭和十六年度将来戦様相ノ変化ヲ示唆スル事項（答申）其ノ他〈機密〉」**（第七冊）では、机上演習の問題点・改善点についての研究生らの指摘が見受けられる。とりわけ、「演習期間ヲ延長シ研究生総員ヲ以テ充分ナル研究ノ余裕ヲ得セシム」（志村正、海軍）、「想定情況ノ推移急ニシテ研究時間ノ乏シキハ一部演習員ノ不十分ナル作業トナリ他ノ演習員ト相互啓発シ得ズ」（玉置敬三、商工省）、「時間的余裕ナク、只想定ニ追ハレテ深ク対策ニツキ考慮ヲ廻ラス余地ナク思ヒツキ乃至受売リニ止マリ（中略）今後ハ演習前ニ必要ナル具体的知識ノ獲得方法、時間的余裕（少クトモ一期五日間）等ニツキ考慮アリ度シ」（矢野外生、農林省）など、演習日程の短さを指摘し、期間を延長すべしとする意見が多々見受けられる。また、少数ではあるものの、「僅カ一ヶ年ヲ以テ想定ニ現ハレタルガ如キ経過ハ、単ナル夢物語ニ過ギザル」、「想定ニ於テ対ロ戦ヲ決行シタルハ賛シ難シ　カクノ如キ情勢ニ於テ戦争ヲ強行スルハ国家ノ運命ヲ弄ブ軽率不慎ノ行為ナリ」（秋葉武雄、同盟通信社）といった、想定内容そのものに批判的な意見も確認できるように、机上演習を多様に捉えていたことがうかがえる。

他方、今後の戦争形態や、机上演習を通じた総力戦についての言及も本資料からは確認できるが、「第二次欧洲大戦並ニ今次ノ机上演習ノ経過ニ顧ミルモ将来ノ戦争ガ益々大規模ノ総力戦タルベキハ明カナリ（後略）」（酒井俊彦、大蔵省）、「将来戦ハ戦線長大、長期戦トナリ、人的物的ノ消耗ハ愈々大トナ」り、「（前略）純然タル国力ト国力トノ抗争トナリ戦争ノ持ツ偶然性、即、好運性ニ依存シ得ルチヤンスハ殆ド皆無トナル」（石井喬、拓務省）とあるように、総じて、今後の戦争形態は必然的に長期戦、総力戦へと変貌し、国力が戦争の勝敗を決するとの見解が多数を占めている。また、総力戦の具体的内容は、「将来戦ニ於テハ、相互ニ国家国民ノ政治・軍事・外交・経済及思想ノ全分野ニ亘リ、之ヲ綜合結集シタル真ノ国家総力戦ニナル」（秋葉武雄）と同時に、「国民ノ一人一人ガ総力戦遂行上適当ナル地位ニ於テ働ク様全国民ヲ含ム国民総動員組織ヲ必要トスルニ至ル」（森巌夫、逓信省）と、国民全員を対象とした、政治、武力、経済、外交、思想の全分野にわたる総動員組織の構築が主たる内容となっている。

以上のように、机上演習を通じた研究生らの所見の主たる内容は、机上演習の結論に対する言及はほとんど見受けられず、演習日程や内容に対する意見や、今後予測されうる戦争形態の予測が中心であった。

その他、机上演習の日程、研究生らに提示した想定内容とそれに対する模擬内閣の処置など、演習経過をまとめた「**第一回総力戦机上演習経過記録〈機密〉**」、「**経済戦審判部編「第一回総力戦机上演習経済戦演習経過概要」〈機密〉**」（**共に第七冊**）も本資料集には収録されている。

机上演習終了後、九月一七日から約一ヶ月間にわたる海外視察が行われている。行き先は満洲、華北・華中、華南、南方の四地域であり、研究生は一〇名前後の四つの班に編成され、各地域へ視察に向かった。特に、華北・華中および南方地域は実際に占領統治、進駐が進められていた地域でもあったため、研究生らの報告書では現地の実態が記されている。すなわち、中国における日本の占領地統治は、すでに民心が離反しており、カンボジアのプノンペンを視察した際には、駐屯軍の近衛歩兵第五連隊の連隊長である岩畔豪雄から一一月末に飛行場が完成する予定を聞き、日米開戦は必至と察知したという。一方でこの海外視察では、各地の軍や出先機関に厚遇され、視察を容易にしたことに対し、ほとんどの研究生らは現地軍らの協力に感謝する旨が帰国後の報告書で記されている。

視察終了後、一〇月二九日から翌四二年二月二五日にかけては「総力戦第一回総合研究」が実施されている。この総合研究の概要を記した**「昭和十六年度綜合研究実施要領綴〈極秘〉」**（第一冊）には、研究方針について、「総力戦的見地ヨリ東亜共栄圏ノ建設構想及其第一期指導要領ヲ総合的ニ研究会得セシメ且之カ具現ノタメ各自職域ニ於ケル具体的実践ノ準縄ヲ信念的ニ把握セシム」とあるように、東亜共栄圏設立の実現に向けた諸政策を研究することにあった。また、「十月下旬ヨリ一月ニ至ル」前段部と、「主トシテ二月」の後段部に研究日程を区分し、さらに前者については第一回から一〇回までに期間を細分して、それぞれ異なるテーマを研究課題として設定し、演練が進められた（**表7**）。後者については「従来ニ於ケル基礎研究ノ上ニ立チ大東亜共栄圏建設及其第一期総力戦方略ニ関シ所員及研究生ノ全能力ヲ□〔一字不明〕ケテ時局有用ノ一案ヲ作為ス」ることが要旨とされ、大東亜共栄圏建設原案の作成を主たる目的とし、各研究生が分担して研究が行われた。本資料集では、各研究演練のうち、現存する**「昭和十六年度綜合研究第四回研究課題答申　戦争ニ伴フ国力整備〈機密〉」**（第二冊）、および**「第九回及十回研究課題　大東亜共栄圏建設原案及東亜建設第一期総力戦方略ニ関スル予備研究答申〈極秘〉」**（第三冊）を収録した。[57] とりわけ、前者に関しては「戦争ニ伴フ国力整備総括」において、遂行しつつあるアジア・太平洋戦争に加え、「新ニ何時タリトモ「ソ」聯極東戦力トノ決戦ニ応ジ得ルノ国力ヲ急速ニ整備セザルベカラズ」と、ソ連との戦争に応じた国力整備の充実を進言している。その背景には、「幸ヒニ大東亜戦争ヲ「ソ」聯ヲ立タシメズシテ完遂セリト雖将来ニ於テハ必ズ之トノ一戦ヲ行ハザルベカラザルハ我国ノ宿命」と、将来的に予想されるソ連との決戦は不可避であるとの認識があり、「「ソ」聯トノ決戦コソ凡ユル部面ニ於ケル真ノ総力戦ト称スベキナリ」と捉えていた。換言するならば、現行のアジア・太平洋戦争の延長に対ソ戦を位置づけており、対ソ戦の戦争形態こそが真の総力戦になるとの見通しを示していた。**表7**にみられるように、この課題の提出日はアジア・太平洋戦争開戦直後の一二月一五日であり、戦場も南方が中心となる時期であるが、このような状況下において、上記のような対ソ戦を重視した国力整備を

表7　昭和十六年度総合研究実施課題・要目一覧（前段期）

研究演練	演練日程 開始日	演練日程 課題提出日	課題	要目
第一回	10月29日	11月4日	東亜将来ノ長期判断	東亜ノ土地人口及資源
				東亜ト欧米トノ相互関係
				太平洋ノ超越性、経済戦各項ニ対スル思想戦的検討
第二回	11月7日	11月24日	国防上ニ於ケル物資、労務及交通	生産力拡充関係
				物資動員関係
第三回	11月26日	12月4日	東亜圏ノ実相	東亜各国家及民族ノ特性
				東亜圏ノ自給力
第四回	12月6日	12月15日	戦争ニ伴フ国力整備	戦争ニ於ケル精神力
				戦争ニ於ケル経済国力（人及物ニ関スル単位完成期間並民需最低限度ノ吟味ヲ含ム）
				戦争ノ規模及形態
				「ソ」聯邦ノ総戦力ト大陸超越性
第五回	12月17日	12月22日	昭和十七年度以降五ヶ年度間長期財政計画	歳出計画ノ大要
				歳入計画ノ大要
				財政限度
第六回	12月16日	12月22日	東亜ニ□□《〔二字不明〕》ヲ有スル各国ノ政策	英米蘇独ノ世界政策ト其ノ対東亜政策
				列強ノ国防形態ト其ノ対東亜戦争遂行能力
				列強ノ経済形態ト其ノ対東亜施策
				列強ノ東亜侵略経緯
第七回	12月22日	1月8日	戦争ニ伴フ貿易指導	本邦貿易ノ本質ト其ノ使命
				戦時貿易ノ具体的指導方針
				戦後ニ於ケル世界貿易ノ規模形態ト其ノ戦前復帰ノ限度
第八回	12月22日	1月8日	皇国総力戦ノ要略	皇国総力戦ノ本質
				皇国総力戦ノ方策
				国家群建設及其ノ理念
第九回	12月30日	—	大東亜共栄圏建設要綱案	
第十回	12月30日	—	大東亜共栄圏建設　第一期総力戦方略	

出典：「**昭和十六年度綜合研究実施要領綴〈極秘〉**」より作成。

研究所が提言していることは特筆すべき点であろう。

その他、一八七六（明治九）年から一九四一年八月までに締結された東アジアおよび中東に関わる諸条約をまとめた「亜細亜関係」（第二冊）や、主要物資の対日輸出入額を、東南アジアの諸地域ごとに図表化した「大東亜圏貿易統計〈機密〉」（第三冊）、日本の自給力、および東南アジア諸地域の生産額、輸入量などをまとめた「東亜圏自給力関係統計表〈機密〉」（第三冊）も併せて収録した。これらの資料の多くは、上記総合研究において活用されたものと思われる。

以上の総合研究の成果は、四二年一月二七日作成の「大東亜共栄圏建設原案（草稿）〈機密〉」（第三冊）として結実されており、その主たる内容は、国防圏の設定、東南アジア諸地域の独立、対連合国の戦争方略などに集約されている。当該期は、「大東亜建設審議会」の設置、資源問題（主に油田問題）、独立問題など、東南アジアの諸問題をめぐる多様な議論が現実的課題として俎上に載せられていたが[58]、これらの動向と本資料との関係性については現在のところ明らかとされていない。しかし、本資料の「第一章　建設大綱」の「方針」と、大東亜建設審議会において審議された「大東亜建設ニ関スル基礎要件」の答申「大東亜建設ノ基本理念」[59]（四二年五月四日決定）ではその内容や表現が酷似しており、「大東亜建設ノ基本理念」の原案である「大東亜共栄圏建設基本要綱」（四二年一月一六日企画院作成）では、「革新派」の主張が強く表れていることを踏まえると[60]、研究所の大東亜共栄圏に対する姿勢は、企画院の影響が少なからず見受けられるのである。

以上の研究演練の最中にあたる一一月には埼玉の飯能での近衛師団特別演習、茨城の日立製作所、満蒙開拓青少年義勇軍内原訓練所などへの視察が行われ、四二年一月七日からは第一期生最後の机上演習が実施される。前年一二月のアジア・太平洋戦争勃発に伴い、研究所の教育方針も戦争遂行と関連のあるテーマが優先されることになる。この机上演習では、実際の南方における戦局を土台とし、日本の国力および戦争の長期化と、その規模を検討するものであった。このような課題を提示した背景には、実際に進展する戦局について、戦争規模や戦争終結を検討する姿勢が欠如し、長期戦を軽視している軍部の姿勢を、演習指導を担当した堀場が憂慮していたことにあった。この演習の結果、南方作戦は少なくとも五年以上はかかること、同作戦の需要物資を満たすには日本の生産力を五倍に増加する必要があることの二点が結論として導き出されている。

その後、一月一五日から大東亜共栄圏建設をテーマとした卒業論文を研究生らは執筆、二月二七、二八日に首相官邸大広間にて研究発表会を実施し、三月二日には卒業式をむかえることとなる。[61]

その他、この間に行われた調査研究資料として、大東亜共栄圏内における五年後、および二〇年後それぞれの重要物資需給想定量を、直近一〇年間の需給量をもとにまとめた**「東亜圏重要物資将来需要ノ推定〈機密〉」**（第三冊）、および食料資源を中心に、五年後、一〇年後、二〇年後それぞれの需給推算と、過去五年間の生産高、作付面積、輸(移)出入高をまとめた**「大東亜共栄圏ニ於ケル食糧資源等ニ関スル調査〈機密〉」**（第三冊）を本資料集には収録した。共に統計表資料であるが、その対象とする資源、資材は多岐にわたっていると同時に、地域に関しても前者は、日本、満洲、中国、仏印、タイ、英領マレー、蘭印、フィリピンを対象とした「全小圏」と、ビルマ、インド、オーストラリア、ニュージーランド、および「全小圏」を含んだ「全大圏」が調査範囲とされ、後者も「全小圏」が対象とされているように、広範囲に及んでいる。

3　第二期研究生教育訓練期（一九四二年四月～四三年三月）

次に一九四二（昭和一七）年四月以降における調査研究、教育訓練を見てゆく。第二期生の教育訓練は、前年度を踏まえて教育綱領の徹底に努めることになるが、入所当初の四月から七月上旬の約三ヶ月半は、「主トシテ国体ノ本義及皇国総力戦ニ関スル基礎的知識習得」を目的として、「講義ノ外、見学旅行等」が行われた。見学旅行は、六月二〇日から陸軍技術本部第六第八研究所、七月四日には大阪の陸軍造兵廠への見学が実施されている。[62]

以上の講義、見学会のほか、この期間には『占領地統治及戦後建設史』が六月に作成されている。これは、研究所から委嘱された国史、東洋史、西洋史の研究者計四五名が世界各国の占領地統治、および戦後建設に関する項目を執筆し、所員の堀場一雄が中心となってまとめられたものである。開戦後の戦局の拡大に伴い、急速に展開された南方占領地の軍政統治を円滑に実施する必要が生じていた。そのための最良の方策を、堀場は占領地統治に関する世界史に求めたのであるが、その選択の背景には、堀場自らの中国での体験をうかがうことができる。堀場は、研究所に入所する直前まで支那派遣軍参謀として中国におり、当地での軍政統治に辛酸を嘗めた経験を持っている[63]。その轍を南方占領地においても踏まぬためにも、「内閣総力戦研究所の名に於て少壮有為の史家を集め、占領地統治及戦後建設の事に関し古今東西に亘り過去幾千年の間人類の経験せし所を研討《ママ》」する必要性を堀場は主張し、「以て其の教訓規範を索め、一は以て向後東亜建設の指針を提供し、他は以て自ら支那事変処理に歩みし道を反省せんとせり[64]」と、自戒の念を込めた形で資料を作成したことを後年述懐している。『占領地統治及戦後建設史』の作成には、堀場自身の中国における占領統治の経験が底流にあったのである。

　次いで同年七月中旬から九月中旬まで「昭和十七年度基礎研究」を実施した。この基礎研究は「昭和十七年度夏現在ニ於ケル帝国、独、伊、英、米、蘇、支等ノ国力判定並ビニ之ヲ基礎トスル情況判断ノ演練[65]」を、軍事、政治、経済の三項目に分け、研究生が個人または数人で調査した調査結果である[66]。このうち本資料集には**「昭和十七年度基礎研究資料　第三回第一週及第二週作業（二冊分ノ一）〈一部軍資秘〉〈指定総動員機密〉」（第四冊）**を収録した[67]。その主たる内容は、航空機等の軍事的技術（「爆撃機ノ航続性能ニ就テ」、「軍事的技術ノ見地ニ基ク将来総力戦ノ規模様相ニ関スル観察」）や、食糧需給、労務動員を含む各種物資の動員の実態（「大東亜地域ニ於ケル食糧需給ノ概説」、「開戦前後ニ於ケル労務動員ノ比較検討」）など、各分野における現状調査に終始したものとなっている。それ以外にも上記に挙げられている諸国のみならず、「東亜諸民族ノ文化ト其ノ特性」に見られるように、東南アジア各国の宗教、言語、教育、社会制度など、文化・制度を対象とした調査も実施されていることがわかる。なお、併せて収録した**「英米ノ経済的抗戦力ノ検討ヲ中心トシタル大東亜戦ノ判断並ニ之ニ対スル帝国ノ措置（昭和十七年五月十日外務省通商局第一課研**

究班作製）〈外機密〉〈軍極秘〉」（第四冊）は、外務省通商局第一課研究班が作製した資料の複製ではあるが、複製年月日を考慮すると、本研究で使用されたものと思われる。

その後、九月下旬より研究生を四班に分け、「満洲朝鮮、北中支那、中南支那及ビ南方ノ四地域ニ見学旅行ヲ」約一ヶ月間実施した[68]。

そして、一一月二六日から一二月二四日にかけては昭和十七年度総力戦机上演習が実施されている。開戦後に実施されたこの机上演習は前述のそれと異なり、演習目的も「大東亜戦争中ノ一大作戦ヲ想定シ之ヲ主体トシテ総力戦ノ諸原則ヲ総合的且応用的ニ研究演練スルニ在リ」とされ、表8に示した日程、想定期間および演習内容で進められた。「昭和十七年度机上演習関係書類　思想戦審判部主任用〈軍極秘〉」、「昭和十七年度総力戦机上演習研究会関係書類一括〈軍極秘〉（共に第八冊）」では、研究生らで編成した模擬内閣の一覧表や、所員らで編成した統監部が模擬内閣に対して提示した情勢判断、およびそれに対する模擬内閣の処置など、当机上演習の詳細な動向が確認できる。紙幅の関係上、その動向を逐一追うことはできないが、演習後に実施された研究所所長である海軍中将遠藤喜一の講評において、「物資生産ノ前途極メテ悪化スルコトヲ判断セルニモ拘ハラズ、重点形成ニ於テ尚不徹底ナリ」、「青国政府ノ経済施策ハ受動的ニシテ積極的ナル創意工夫ニ対スル熱意十分ナラザリシ憾アリ」、「戦時国民生活確保問題ノ如キ余リニ諦メ的態度」と指摘されたように、物資生産の悪化と、国民生活の確保への対策が当演習の焦点の一つであった。

表8　昭和十七年度机上演習日程表

	想定期間	実際演習期間	演習内容
第一期	1942年11月	11月22日～25日	演習の基礎理念
第二期	1942年12月～1943年5月	11月26日～12月6日	想定された状況に対する演習
第三期	1943年6月～12月	12月7日～13日	
第四期	1944年1月～4月	12月14日～19日	
第五期	—	12月20日～25日	研究会（演習の経過概要などの説明）、統監による講評

出典：「昭和十七年度総力戦机上演習研究会関係書類一括〈軍極秘〉」より作成。

実際、演習中においても模擬内閣で経済閣僚を務めた研究生らは、「拡充用鋼材ノ配当ハ全然不可能ニシテ補修運転用鋼材モ殆ンド全面的ニ相当ノ圧縮ヲ余儀ナクセラル」、「現状維持ハ到底不可能」、「一般国民生活ニ対シ著シキ悪影響ヲ及ホシ戦時経済ノ運営ガ国民生活部門ノ一端ヨリ崩ル、虞ナシトセズ」（熊谷卓次、陸軍省、企画院総裁を担当）、「国民生活一般ニ関シテハ極度ノ圧縮ヲ行フモノトス」（山地八郎、商工省、商工大臣を担当）との情勢判断を下している。その対応策として、「経営（他ニ属セサル事項ヲ含ム）」、「労務（賃金ヲ含ム）」、「資金（物価、金融ヲ含ム）」、「生産技術」の四部で構成され、各部の主査に商工大臣、厚生大臣、日銀総裁、技術院総裁の主要経済閣僚を配した「軍需生産増強委員会」の設置も提言されており、「不足労働力補給ノ道ヲ確保スルコト」、「食糧ヲ中心トスル生活必需品ノ供給ヲ確保スルコト」、「利潤刺戟及賃金刺戟ヲ相当程度重点的ニ利用スルコト」、「一般生活確保ノタメ悪性「インフレ」防止ニ全力ヲ傾注スルコト」などが解決すべき対策として挙げられている。演習に対する研究生らの所見をまとめた「総力戦机上演習ニ関スル所見」における、「物動計画ノ数量ヲ取扱ヒ容易ナラサル事態ナルコトヲ感ス何ヨリモ実行第一ナリ」（庵地保彦、住友本社、企画院部長を担当）、「国民経済ノ逼迫ヲ痛感セリ之ヲ補フニハ国民士気昂揚ニ依ル外ナク相当思ヒ切リタル手ヲ現在行フヲ要ス」（鈴木栄次、日本石油株式会社、企画院次長を担当。須江英雄、大東亜省、大東亜次官を担当）などといった記述からも、物資の生産力低下を懸念する研究生らの姿がうかがえよう。

以上のような情勢判断とそれに対する処置は、当該期の実際の政局、すなわち、開戦当初の楽観的な経済政策から一転、鋼材生産の減少が見込まれ、軍需生産の増強が焦眉の課題として重視されることになり、四二年一一月の臨時生産増強委員会の設立に至る一連の動向に極めて酷似していることがうかがえる。[69] 演習と実際の政局との関連性については判然としないが、研究生らが当該期の国力の実態を正確に判断していたことからもわかるように、今後起こりうる生産力の低下と国民生活の悪化は、研究生らの間では共有された認識であり、生産力水準の引き上げを早急に対処すべき課題と捉えていたのである。

その他、遠藤の講評には、研究生らの言動に対して苦言を呈する面が見受けられるが、この点については研究生らの教育訓練に対する姿勢と併せて後述する。

年が明けた四三年一月からは総合研究を実施、「従来遂行セル基礎研究及机上演習ニヨリ修習セル上ニ立チ研究生ヲシテ大東亜戦争計画ニツキ研究演練セシメントスルニアリ」と、本年度に行われた基礎研究、机上演習を踏まえた総合研究を行い、[70]三月八日に第二期研究生の終業式を迎えることになる。

さて、当該年度の資料に関しては以上のほか、四二年四月から九月までの期間における、教育訓練関係の資料を中心に構成された**原種行編「昭和十七年度教務関係書類」〈秘〉（第一冊）**、および同年七月から翌年三月の期間において実施された講義、研究、旅行日程などが箇条書きの体裁で記された**原種行編「昭和十七年七月教務日誌」〈秘〉（第一冊）**を収録した。前者には、四月から九月にかけて実施予定とされた諸講義（外交戦教科目実施予定表、「共栄圏ト民族問題」講義予定、経済戦関係教科目予定表）の題目や概略、講義担当者等が確認でき、教育訓練のカリキュラム構成を把握できる内容となっている。また、同資料には、研究所が第二期研究生に関する情報収集を積極的に行っていた形跡がみられるものも含まれている。「第二期研究生研究履歴書」の項目欄には、第二期研究生の職歴のみならず、「従来特ニ研究シタル事項」、「研究上特ニ興味ヲ持タル事項」などの欄もあるように、研究所が研究生の興味・関心点の把握に努めていたことがわかる。このような研究所側の動向は「研究生知識交換会実施要綱」や、「研究生希望映画」、「研究生ノ東京附近見学希望先」などからもうかがえるように、研究生の問題関心を積極的に引き出そうとする研究所の姿勢を読み取ることができる。その他、一部ではあるものの、八月に実施された鍛錬旅行に対する感想・所見や、研究生の座席表、部屋割り表、「総力戦研究所高等官着離任ニ際シ行フ諸礼式」なども併せて収録されている。

一方後者は、「昭和十七年十二月総力戦研究所研究生日課表」、「昭和十八年一・二・三月総力戦研究所研究生日課表（仮案）」のような研究生の訓練日課表の他、四三年一月二九日から二月二日にかけて実施された冬季訓練に関する資料「冬季訓練ニ関スル注意事項」、「冬季鍛錬旅行要項」なども含まれている。

特筆すべきは、「十二月ニ於ケル朝礼出席率（百分比）」（四二年一二月二二日作成）や、「二月三日遅刻表」、「二月四日遅刻表」、「二月十九日遅刻欠席」（共に四三年）など、研究生の遅刻や出欠席表が記されている資料も含まれていることである。試みに、四二年一二月三日から二二日までの二〇日間の朝礼出席率を取り上げると、**図1**に見られるように、半数以上は六割以上の出席率を記録しており、九割以上の出席者は六名、うち二〇日間全て出席した人数に限っては四名にのぼる。その一方で、出席率が二割に満たない人数も若干名あり、二〇日間全く出席していない人数は二名含まれている。また、冬季訓練終了直後である四三年二月三、四日の遅刻表では、それぞれ一六、一七名と、半数近くの遅刻者がいたことが確認でき、四日に関しては五名の欠席者も記録されていることがわかる。すなわち、全ての研究生が諸訓練に積極的な姿勢であったとは言い難い面が見受けられるのである[71]。

　このような訓練に対する研究生らの姿勢には、一部の研究生、とりわけ、商工官僚や逓信官僚などの経済官僚らが戦局に対する見通しを悲観的に捉えていたことが一つの要因として考えられる。

図1　1942年12月における研究生の朝礼出席率（1942年12月3日～22日）

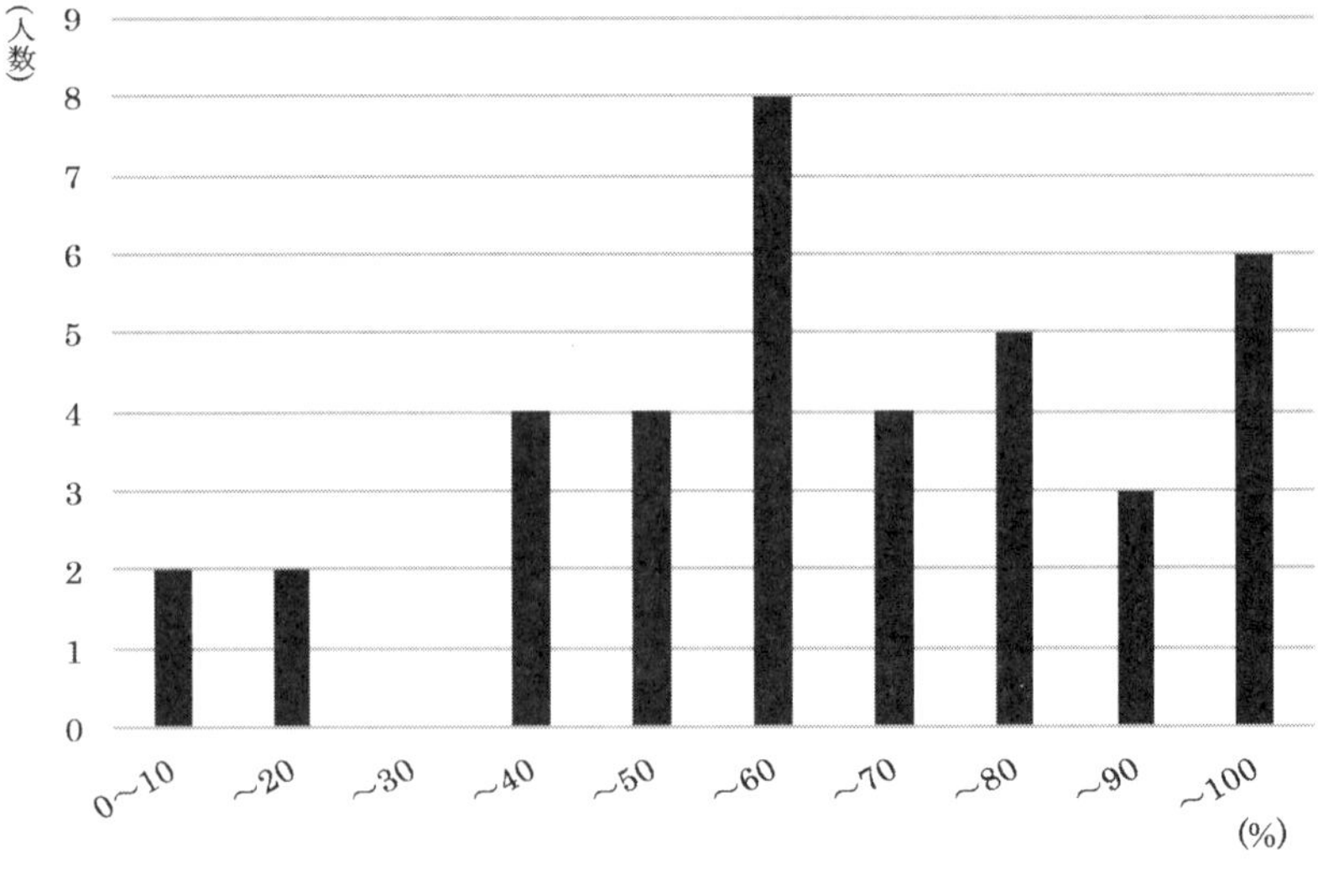

出典：「十二月ニ於ケル朝礼出席率（百分比）（十二月三日－十二月二十二日）」原種行編「昭和十七年七月教務日誌」〈秘〉より作成。

第二期研究生として入所していた商工官僚の山地八郎は、オーストラリア上陸作戦が研究事項として取り上げられた際、逓信省から入所した官僚らが船舶などの輸送力に余力がないことを指摘していた点を取り上げ、研究そのものの実施に強く反発したことを後年回想している[72]。実際、ガダルカナルなどの前線において連合艦隊は戦局を優位に展開できず、潜水艦および航空機の攻撃により、陸海軍船舶の大量喪失が発生し、その補塡として、民間船舶が徴用されていた。政府・陸海軍もその点を共有していたように[73]、増加する船舶喪失を当該期の為政者らは問題視していた。上記の山地ら経済系省庁出身の研究生の認識も、このような実態を把握しての見解と思われるのである。

このような研究生らの訓練に対する姿勢、言動等は、所員やその他研究生らから批判の眼差しを向けられていた。所員であり、研究生らの教育訓練を務めていた前述の岡松成太郎は、外務省や軍部から入所した第二期研究生には日本の経済体制を批判する「乱暴者」が多く、革新的な意見が大勢を占めていたことを後年回顧している[74]。また、横浜正金銀行の頭取席詰で、第二期研究生として入所し、訓練終了後は所員として所内に残った磐瀬太郎が同年三月一八日に作成した「第三期生訓育方針私案[75]」の「右私案ヲ草シタル基礎トナレル研究生時代ノ所感」では、第二期研究生を、「口頭禅、口舌ノ勇多カリシ」人物が多く、「戦時下国民トシテ守ルベキ最低限ノ生活態度スラトリ得ザルモノアリ」と、研究生らの言動、態度を不適切と捉えていたことがうかがえる（磐瀬自身、上述の朝礼には全日出席しており、二月三、四、一九日も遅刻していないことが確認できる）。

研究生に対する同様の批判は、演習過程においても見受けられる。前述の机上演習後における遠藤の講評では、「国政運用ノ中枢機関トシテ補弼ノ重責ニ任ジ、大御心ヲ体シテ国民ニ臨マザルベカラズ。然ルニ此ノ点ニ関スル戒慎ニ欠ケ其ノ言動ニ不適当ナルモノアリシハ遺憾ナリ」と、研究生らの言動に対して戒め慎む姿勢が欠けていると断じており、その事例として、「勲章ヲヤル」、「国民ノ消費資金ヲ巻キ上ゲル」といった発言や、「閣議ノ席上ニ於テ濫リニ自己ノ進退ヲ云為スル」など、模擬内閣において担当する大臣・次官等の無責任な態度を挙げており、「仮令演習ナリトモ日本政治ノ本質ニ鑑ミ且ツ戦時下ノ閣僚ノ態度トシテ適当ナラズ」と、机上演習に対する研究生らの言動に苦言を呈している。

このような研究生らの実態を踏まえてであろうか、前述の原種行編「昭和十七年度教務関係書類」に収録されている、四二年一一月五日に所員の樋口菊郎（鉄道省より出向）が作成した「研究生ノ訓育方法ニ関スル意見書」には、翌年度採用予定の第三期生に対する指導方針の私案がまとめられている。その採用に当たっては、「研究生中ニ、二三ノ不真面目ナル者存在スル為メニ全体ノ士気ヲ紊ス恐レ有ル場合等、所ヨリ除名スル事有ル可キ」と、不真面目な態度をとる研究生に対しては退所させるよう明言されており、入所直後には、「国体ノ本義ニ眼覚メタル熱烈ナル救国ノ志士タラントスル気慨《ママ》ヲ先ヅ以テ呼ビ覚サセルコト」を目的とした一週間ほどの合宿を実施すべきとの提言もなされている。[76]

また、前述の磐瀬が作成した「第三期生訓育方針私案」においても、研究生への訓育は、「視野ヨリモ見識ヨリモ何ヨリモ謙虚ナル心コソ根本ニシテ、ソノ心ノ上ニ自発的ナル生活ヲナサシムル」方針が記されている。その具体的内容は、「官吏（文官）ニハ謙虚ノ心ヲ、軍人ニハ広キ視野ヲ、民間人ニハ高キ見識ヲ養ハシ」め、「研究生ニ早ク自己ノ解決スベキ問題ヲ発見セシムルコト」との要領が述べられていると同時に、「研究所ノ方式ヲ通ジテ修養シ得ザル人物ハ、（中略）早期ニ退所セシムルコト」とあるように、樋口と同様の見解が提言されていることがわかる。

以上の経緯を踏まえ、四三年三月二二日に作成された「第三期研究生訓育要領」には、「訓育ノ前提」として、研究生への訓練に対する心構えが記されており、「過去ノ職歴等ヨリ離脱シ謙虚」な姿勢で臨ませ、所内での生活についても「研究所ノ傍観者タルニ非ズシテ自ラモ其ノ一員ナルコトヲ自覚」させ、「受動的ナラズ積極的自発的」に取り組ませるよう明言されている。また、より詳細な指導方針が記された「訓育要領」には、「常ニ研究生ノ創意ヲ生カし、「自発的工夫ニ依ラシムル」こと、「中道ヲ以テ指導」すること、「紀律ト士気トヲ維持高揚セシメントス」ることが挙げられている。加えて、「研究所ノ方式ヲ通ジテ修養シ得ザル人物ハ別途ノ方式ニ委ヌルヲ得策トスベク早期ニ退所セシムルコト」とあるように、前述の磐瀬の提言も盛り込まれていることが確認できる。[77]すなわち、所員らは、謙虚な姿勢で訓練に参加し、規律を重んじて主体的に行動する研究生像を、入所予定の第三期研究生に求めたのである。

このように、「第三期研究生訓育要領」が作成された背景には、第二期研究生の偏った訓練生活や態度・考え方を、批判的に捉えていた所員や積極的に訓練に参加していた研究生らの意図が見受けられると同時に、教育過程で露呈した欠点を改善し、次の第三期研究生への教育へ活かそうとする研究所側の真意がうかがえるのである。

4 第三期研究生教育訓練期（一九四三年四月～四三年一二月）

以上の指導方針のもと、一九四三（昭和一八）年四月一日より第三期研究生の教育訓練が始められることになる。訓練開始にあたり、研究目標も「大東亜新秩序建設方略」とし、「（一）大東亜戦争遂行計画」、および「（二）新秩序建設方案」の二点を研究対象に定め、講義形式を避け、課題と質疑応答の教育方法を取り入れるなどの工夫が施された。また、研究生を六グループに分け、第一から第六までの研究室を与えて、室単位での訓練を実施することも併せて決定された。

入所した四月から五月にかけては総力戦の基本的な講義を行い、五月二八日から六月四日にかけては国内訓練旅行を実施している。具体的な日程に関しては明らかではないが、研究生を甲班と乙班に分け、甲班は光工廠、八幡製鉄所、三池炭鉱など、乙班は川崎造船所、大阪造兵廠、名古屋航空機工場など、西日本方面における陸海軍の軍工廠や港湾施設、製鉄所等を中心に見学した視察旅行であった。旅行後に研究生らが記した「昭和十八年度国内訓練旅行感想」では、以下のような感想が寄せられている。

足立正秋（内務省）：「軍関係施設工場等容易ニ見学出来ヌ箇所ヲ短期間ニ多数見ル機会ヲ与ヘラレ得ル事ガ非常ニ多カツタ然シ一面工場等ノ見学ニ付テハ時間的制限モアツタト思ハレルガ多少

表面的ナ見学エ堕シタ嫌ガアッタ」

吉沢洸（日本銀行）：「（前略）普通一般にては見学不可能なる軍関係（若は軍管理工場）、鉄道背後関係等詳細且至れり尽せりの好遇のもとに見学し得たるは感謝に不堪ると共に総力戦研究所の有難さをしみぐ〜感じたり（後略）」

中村雅郎（陸軍省）：「各工場共防空的見地ヨリスレバ寒心ニ堪エズ万一ノ場合ノ爾後ニ於ケル精神的混乱ヲ懼ル」

村田豊三（農林省）：「決戦下日本ノ代表的重要生産工場ヲ見学シ其ノ生産力及生産条件ノ貧弱ニ心細サヲ感ズルト共ニ総力戦的切替ヘノ一段ト徹底セラルベキ必要ヲ痛感ス」(78)

軍事機密の関係上、一般には出入りが困難な施設が主な見学対象とされたことから、研究生らはこの視察旅行を好意的に受け止める反面、工場等の防空体制や重要物資の生産力の脆弱さを指摘する意見も見受けられる。また、時間的制約のために見学が不十分だったなどの感想も寄せられているが、総じてこの視察旅行には肯定的であった。

訓練旅行後の六月一一日からは「昭和十八年度第一回総力戦机上演習」が行われる。その目的は「講義演練ヲ終リタル時□〔一字不明〕ニ於テ爾後ノ研究ノ着眼点及重要問題ヲ発見スルニ在リ」と、四三年六月以降に表出すると予想される諸問題を検出することにあった。演習方法は、第一から第六までの室ごとに模擬内閣を編成させ、所員らは統監として「「情況及課題」ヲ演習内閣ニ交付」し、演習内閣は「「情況及課題」ニ対シ執ラントスル処置ヲ簡明ニ記述シ統監部及関係審判部ニ提出」した後、「重要事項ヲ取リ上ゲ問題ノ所在及着眼点ノ摘出」を主とした「討論会」を行う手順で進行された。また、演習日程は**表9**のように、想定時期を四三年七月から四四年一二月と設定し、第一動から第六動までの六つの時期に区分して、六月一一日から一八日まで机上演習を行い、最終日の一九日には研究会が実施された。研究会で討議された内容、所見等は資料の制約上、明らかではないが、各室の模擬内閣が第六動までに提出した

表９　昭和十八年度第一回総力戦机上演習日程表

月	日	曜日	時刻	作業	演習想定歴
6	11	金	8:30	第一動状況交付	第一動 昭和18年7月、8月、9月
			11:00	処置提出	
			13:00/15:00	討論会	
	12	土	8:30	第二動状況交付	第二動 昭和18年10月、11月、12月
			11:00	処置提出	
			13:00/15:00	討論会	
	13	日		休	
	14	月	8:30	第三動状況交付	第三動 昭和19年1月、2月、3月
			11:00	処置提出	
			13:00/15:00	討論会	
	15	火	8:30/11:50	討論会	第四動 昭和19年4月、5月、6月
			13:00	第四動状況交付	
			15:00	処置提出	
	16	水	8:30/11:50	討論会	第五動 昭和19年7月、8月、9月
			13:00	第五動状況交付	
			15:00	処置提出	
	17	木	8:30/11:50	討論会	第六動 昭和19年10月、11月、12月
			13:00	第六動状況交付	
			15:00	処置提出	
	18	金	8:30/11:50	討論会、演習中止	
			13:00/15:00	整理	
	昭和十八年度第一回総力戦机上演習研究会次第				
	日	曜	時刻	陳述事項	陳述者
	19	土	8:30/11:50	一、開会	
				二、演習指導ノ要点	統監補助官、各審判部指定審判官
				三、大東亜戦争建設方略研究上ノ着眼点ニ関スル所見	演習者、審判官
				（イ）武力戦関係	
			13:00/14:00	（ロ）外交戦関係	
				（ハ）思想戦関係	
				（ニ）経済戦関係	
				四、総力戦的見地ニ基ク皇国刻下ノ重要問題	
			14:15/15:00	五、今次机上演習ニ関スル所見	
				六、一般所見	参会者
				七、統監訓示	
				八、閉会	

出典：「昭和十八年度第一回総力戦机上演習日程」、「昭和十八年度第一回総力戦机上演習研究会次第」（「昭和18年度第１回総力戦机上演習関係書類」JACAR（アジア歴史資料センター）Ref.A03032010000、総研甲-第６号・昭和18年度・第一回総力戦机上演習関係書類(国立公文書館)）

処置内容に関しては明らかとなっており、総じて枢軸国間の緊密強化、独ソ和平の促進、造船新計画の強化や沈没船引揚の促進などの船舶対策が、今後処置すべき問題として取り上げられている[79]。

机上演習終了後は基礎研究が七月五日から二二日まで「帝国（勢力圏ヲ含ム）ノ国力判断」が、八月六日から二五日まで「独、伊、米、蘇、重慶ノ国力判断」がそれぞれ実施されている。両研究とも、「研究生ハ軍事班、政治班及経済班ノ三班ヲ構成シ各班ハ更ニ小班ニ分レテ各課題ノ作業ヲ共同分担」し、「各小班ニ幹事一名ヲ指名ス。幹事ハ小班ノ作業ヲ総裁シ且担当所員トノ連絡ニ任ズ」といった研究体制が編成された。上述のように前年のほぼ同時期に第二期研究生の教育訓練でも同様の基礎研究が行われているが、今回の研究では、その際に作成された「昭和十七年度第三回基礎研究ノ作業」及び「昭和十七年度第四回基礎研究ノ作業」を「資料トシテ之ヲ活用」している。また、当研究では、（一）戦争の本質に関する基礎研究、（二）戦争遂行計画に対応する基礎研究、（三）新秩序方案に対応する基礎研究の三点を中心に研究が行われた。このうち、本資料集には**「昭和十八年度基礎研究第二課題（其ノ一）作業　帝国（勢力圏ヲ含ム）ノ国力判断（二分冊ノ二）三、経済〈軍極秘〉〈一部軍資秘〉〈指定総動員機密〉」（第五冊）**が収録されており[80]、物動、生産拡充、食糧、労務、運輸、電力、財政、科学技術など、多岐にわたる経済関連の国力判断について、各研究生に分担され、検討がなされている。紙幅の都合上、全ての分野を対象にするのは困難であるため、本稿では物動計画に焦点を当て、研究生が当該期の経済力をいかに捉えていたかをみてゆく。外務官僚の日向精蔵が執筆した「昭和十七年度物動ノ特色ト之ガ施行ノ推移」には、当該期の物動計画からみた日本の国力の実態を以下のように捉えている。すなわち、「軍需充足ヲ主眼点トスル（中略）物動実施上ノ要点ハ輸送力ノ確保、増強、回収ノ強化、特別在庫ノ原則的全額使用」であり、昭和十七年度の物動計画は、「十七年度初頭ノ赫々タル戦果ヲ反映シ南方物資ノ期待最大ナリシノミナラズ物動編成概ネ十六年度ヲ踏襲シ、特ニ国内及満関支ノ生産増強ヲ期待」と、南方資源の獲得が見込まれ、四二年においては生産増強が期待されたものの、「十七年度上半期ノ実績著シク計画ト齟齬ヲ生ゼリ」と、計画と実態が乖離した状態にあると述べる。日向はその主要因を、「船腹ノ減少茲《ママ》ニ稼業率ノ低下ニ依ル原料供給量ノ圧縮」にあると捉えているように、南方物資を輸送する船腹の減少と、これに伴う物資不足のための稼業率の低下に求めていた。

海上輸送に関しては他の研究生らも重要視しており、日向が指摘した点を踏まえ、村田[81]が執筆した「昭和十八年度物動ノ特色」では、「計画ノ基底タル海上輸送力ニ逼迫ヲ見ルコトトナレルヲ以テ」、「海陸輸送力ノ綜合的効率発揮ニヨル増強」を特に考慮し、「国内ノ増産、鉄、銅、銑ノ回収強化、在庫ノ利用ヲ図リ加フルニ満支ヨリノ期待、南方ヨリノ取得、枢軸ヨリノ輸入等凡有ル手段ヲ尽シ其ノ増強ニ努メ其ノ重点ヲ五大超重点産業ニ置」くことを主張している。すなわち、研究生らは、物動計画に支障が生じる最大の理由は輸送力の低下、船腹の減少にあると捉えており、最優先に改善すべきとの認識であった。同様の見解は経済系省庁出身以外の研究生にも見受けられ、三井船舶株式会社社員の熊野修一が記した「二　海上輸送」には、生産拡充、物動計画と海上輸送の関係を、「本邦生産拡充計画乃至物資動員計画ハ（中略）海上輸送ヲ前提トセズンバ成リ立タズト言フモ過言ニ非ラズ」とし、「輸送力ノ減退ハ生拡・物動・輸送ノ計画順序ノ倒錯ヲ招来シ、昨今ニ於テハ逆ニ輸送ガ生拡及至《ママ》物動ヲ規定シアリ」とあるように、輸送力の程度によって諸計画の実現の可否が決まるとの見解を示している。前述のように、経済系省庁出身の第二期研究生らが中心となって輸送力の限界性を主張し、戦局を悲観的に捉えていたが、当該期には経済系省庁以外の研究生らの間にも船舶の減少を問題とする認識が広がっていた。このような認識は研究生らに限られたものではなく、本資料が作成された直後の九月における船舶喪失量は開戦以来最高の数値となり、為政者らの間でも海上交通保護が重大視され、一一月には海上交通保護強化を統括する一大部隊である海上護衛総司令部の設置に至っているように[82]、船舶及び海上輸送は、当該期の共有された最重要課題であったのである。ただし、以上のような現状・問題を示しつつも、研究生らは、「現在採レツ、アル諸方策並ニ現ニ考慮サレツ、アル諸対策」の提示のみに終始し、具体的な改善策を提示するまでには至っていないことは付言しておくべきで点あろう。

その後、八月から一〇月下旬にかけて夏季鍛錬合宿、海外視察旅行を実施し、一一月一日からは第二回総力戦机上

表10　昭和十八年度第二回総力戦机上演習日程表

演習期間	月日	曜日	作業 午前	作業 午後	想定時期	主要実施事項
第一期演習	11月1日	月	統監訓示、演習開始		1943年11月	一、演習準備 二、情勢判断 三、戦争計画策定
	2日	火				
	3日	水	休	休		
	4日	木	第一課題答申	審判会議		
	5日	金				
	6日	土	第二課題答申	審判会議		
	7日	日	休	休		
第二期演習	8日	月	第一動発動		1943年12月 ～1945年	一、対抗演習実演 二、研究会
	9日	火				
	10日	水	第二動発動			
	11日	木				
	12日	金	整理	講評会議		
	13日	土	研究会	研究会、講評		
記事	一、開始時刻午前9時、午後13時					

出典：「昭和十八年度第二回総力戦机上演習関係書類」より作成。

演習が開始された。本資料集に収録されている**「昭和十八年度第二回総力戦机上演習関係書類」（第九冊）**には、当演習の詳細な動向が綴られている。その概要は、「総力戦研究所第三期研究生ヲシテ総力戦運営ノ具体的方策ヲ演練セシメ併セテ総力戦ニ関スル応用的且綜合的研究ヲ行ハシムルニ在リ」といった目的で、**表10**に示された日程、想定期間、内容のもと、机上演習が実施された。[83] 特筆すべきは、以前までの机上演習とは異なり、研究生が組閣した青国政府（日本を想定）と、所員、研究所嘱託らが中心となって組閣した赤国政府（アメリカを想定）に分かち、それぞれ「昭和十八年十一月一日現内閣ト交代シ大東亜戦争ヲ遂行セントス」（青国政府）、「速ニ枢軸国ヲ屈服セシメ現世界大戦ヲ終結セントス」（赤国政府）との想定のもと、対抗演習を実施した点にある。本稿では経済戦を事例とし、本資料にみられる経済戦の演習過程の特徴を概観してゆく。

その特徴は、第一に、統監部がその都度青国政府の研究生らに提示する追加状況は、概して、厳しい状況を想定していた点にある。例えば、統監部が四四年七月～一〇月を想定時期として研究生らに提示した「第一動青国情況第四追加其一」には、「中小協力工場ノ生産力ハ相当立遅レノ状況ニアリ一方中小工場ノ転換ニハ尚気迷ノ者多キ情況」と、中小工場の生産が立遅れている状況が追加されている。また、想定時期を四五年の四月とした「第二動青国情況第二追加其ノ一」では、「主トシテ協力工場生産品ノ高騰」を背景に「主要生産会社ノ責任者ハ採算悪化ヲ憂慮シ価格ノ引上等政府ニ意見ヲ具申スルモノ」があり、「戦後ノ事態ニ処スル為会社内部ノ蓄積増加ヲ希望」する「大手株主」がいる状況が提示されているように、軍需関連会社の消極的な状況がその都度追加されていることが確認できる。

第二に、以上の状況を反映してか、追加状況に対する研究生らの措置も、消極的な面が一部見受けられることである。上述のように、「第二動青国情況第二追加其ノ一」は、大手株主が戦後の事態に処する為に会社の資産の蓄積増加を希望している旨が記されているが、これに対する青国政府の軍需省が作成した「第二動青国情況第二追加其ノ一ニ対スル措置」では、「戦時下ニ於テハ国家指導ノ下ニ軍需会社ヲシテ軍需生産ニ専念」し、「国家ニ対シ全幅的ニ寄与セシムベキ」ではあるものの、「軍需会社ノ戦後ニ於ケル資本」は「已ムヲ得ザルモノト思料セラル」と、軍需会社の要望を一部受け入れる措置を講じているように、妥協的な対応を示していることがうかがえる。軍需省の消極的な姿勢は、演習最終期にあたる一一月一一日に作成した「軍需生産ノ見透」においても言及されている。すなわち、「昭和十九年及廿年ノ両年ニ於テハ飛行機、船舶、主要軍需生産ヲ最優先トシ、之ニ凡ユル原材料、労務、資材ヲ集中動員シタルガ之ガ為、新資源ノ開発、生産力拡充ハ殆ンド之ヲ省ミル余地」がないとあるように、全ての物資・労務が軍需生産に充てられることにより、新資源の開発・拡充は困難であることを述べている。また、鉄鋼、鋼鉱などの国内資源は、「一時ニ極度ノ減少ヲ見、或ルモノハ殆ンド最早内地ニ於テ期待スルコトヲ得ズ、或ルモノハ極端ナル所位ノ低下ヲ見ルニ至」り、「既存ノ生産力ハ一〇〇％ニ動員」されているため、「今後ノ増産ハ一ニ新設備ノ新設、拡張ニヨルノ外最早之ヲ期待スルニ由ナキニ実情《ママ》」と、鉄鋼などの国内資源は極度に減少し、低品質のものしか残らない状況を予測すると同時に、新設備の設置・拡張を行わなければ、増産の見込みがないとの見解も示している。その結論には、「此儘推移センガ《ママ》軍需生産力ハ低下ノ一途ヲ辿ルノ外ナキモノト認メラル」と記されているように、経済戦を担当する研究生らは、生産力拡充の見通しを悲観的に捉えていたことがわかる。

　実際、演習後に記された研究生の所感も「生産力拡充ノ困難性」として、「一部門ノ生産力拡充ハ一時的ニセヨ軍需又ハ他産業用資材ノ減少ヲ来ス事」、「生産力拡充ハ大作戦ニ伴フ事多キ為労務ノ充足ノ困難ナル事」（森本三郎、鉱山統制会、軍需次官を担当）と、資材の減少、労働力の不足により、生産拡充は困難であると述べられ、演習最後の研究会で行われた研究所長の村上啓作の講評においても、「更ニ十分ノ検討ヲ加フルノ必要」があり、「演習全般ニ亘リ一層深刻味ヲ加ヘタルベシト思料ス」と、深刻な事態であるため、更に検討を加える必要があると指摘している。

　前述の昭和十七年度机上演習では、物資生産の停滞とそれに伴う国民生活の悪化が懸念され、その対応策を講じることが喫緊の課題とされていたが、本演習では、懸念どころか、生産力の拡充が見込まれず、経済状況がより深刻な事態に陥ると予測する研究生の悲観的な姿勢がうかがえる。統監部が提示した厳しい状況に対応できず、消極的な処置を取らざるを得なかった点も、その証左といえよう。実際の政局においても、「絶対国防圏」の確保が最優先の課題とされ、その目的を達成すべく、航空機の増産と船腹徴用の徹底化を図るも[84]、鋼材の水増し増産作業や[85]、物動配当の母体である一般民需の四〇パーセント超におよぶ削減など[86]、物動計画の破綻が既に生じており、深刻な状況にあった。その意味で、統監部が提示した追加状況は、現実的であると同時に、その対応策を研究生らに徹底的に考究させようとする、所員側の真意がうかがえるのである。

机上演習の終了後は、一一月一五日から一二月一〇日まで「昭和十八年度総合研究」が行われた。この総合研究は、「研究生ヲシテ大東亜建設及大東亜戦争遂行ニ関スル方策計画中主トシテ思想政治経済上ノ緊要ナル事項ヲ選ヒ研究立案」し、「成シ得レハ関係当局ノ参考ニ資ス」といった目的のもと、「従来ニ於ケル基礎研究ノ上ニ立チ机上演習ト連繋ヲ保」って実施された教育訓練である。また、**表11**に示された一〇種二八項目の課題が設定され、それぞれの課題に割り振られた研究生らが各々研究に従事することになる。**「昭和十八年度綜合研究記事〈機密〉」（第五冊）**には、その研究成果の仔細が上記の項目ごとに記されている。なお、**表11**中に記載されている「未定稿」とは、「推敲検討ノ余地少ナカラス（中略）重要ナル事項ニ付研究不十分又ハ意見不一致等ノ点アルモノ」である。また、執筆者が詳らかにはされていないものの、「総力戦ノ見地ヨリ我国ノ現状ヲ論ス」ことを主題とした研究生らの修業論文集「**昭和十八年度綜合研究記事附録　修業論文集　総力戦ノ見地ヨリ我国ノ現状ヲ論ス〈機密〉」（第六冊）**も併せて収録した。そして、総合研究終了後の一二月二七日の修了式をもって第三期研究生への教育訓練は終わると同時に、翌年度以降の研究生の入所も停止し、教育訓練も終了することになる[87]。

なお、この間の一〇月二一日作成の「総力戦研究所停止ニ関スル閣議決定ニ基ク措置要綱[88]」により、第三期研究生の教育訓練期間は一二月までに短縮されることが決定されたが、これより以前の九月初旬から、所員を中心として委員会が設置され、訓練期間の短縮に伴う制度改正が議論され始める様子が、**原種行編「昭和十八年九月　教育制度改正関係書類〈秘〉」（第一冊）**より確認できる。「年限短縮ニ関スル覚書」や、「指導要領私案」、「第一回委員会記録」（共に昭和一八年九月八日作成）では、今後の訓練方針や、重点化すべき訓練内容などが言及されているが、これらをまとめる形で昭和一八年九月一一日に「昭和十八年度以降ニ於ケル研究生教育訓練要綱試案（其ノ一）」が作成されたことがわかる。これらの制度改革を踏まえ、「昭和十九年度前期研究生教育訓練実施細目案」、原種行「来年度前期講義回数割宛腹案」（共に昭和一八年九月一〇日）が作成されることになる。研究生への教育訓練が四四年以降停止されたことについては前述したが、当該期の研究所所員らは、翌年度も研究生を受け入れ、教育訓練する予定であったこと

表11　昭和十八年度総合研究一覧

課題	種目	項目	
第一課題	世界新秩序、大東亜新秩序ニ関スル研究	1	広域圏体制ノ必然性（未定稿）
		2	広域圏内国家民族ノ結合原則（未定稿）
		3	大東亜共栄圏内ノ民族政策（未定稿）
第二課題	国内政治整備ニ関スル研究	4	総力戦ノ見地ニ基ク理想的政治体制及所要ニ応シ之ニ到達スルニ至ル間ニ於ケル過渡的政治体制（未定稿）
		5	官公吏及之ニ準スル総力戦指導層ノ資質心構等ノ急速向上刷新ニ関スル具体的方策
		6	国民総力結集ノ具体的方策
第三課題	国民教育ニ関スル研究	7	男子学校教育制度ノ根本的改善方策
		8	大東亜指導民族トシテノ教養ヲ急速ニ向上セシムル為ノ国民成人教育方策
		9	海外在留同胞ノ資質急速向上方策
第四課題	防空ニ関スル研究	10	軍官民ヲ通スル理想的防空組織（未定稿）
		11	東京ノ消極防空ニ関スル具体的計画要綱
第五課題	戦時国民生活ニ関スル研究	12	総力戦意識、決戦体制思想ノ徹底化ニ関スル□□〔二字不明〕的方策
		13	闇撲滅ノ具体的方策
		14	主要食糧ノ日満自給方策ノ確立
		15	東京都民戦争生活基準ノ設定　衣・住・娯楽（興業ノ整理）
		16	国民手牒乃至之ニ準スル制度ノ設定
		17	科学技術動員方策
第六課題	新経済理念、企業新体制ノ研究	18	総力戦ノ見地ニ基ク経済理念及企業体制ヲ論シ所要ニ応ジ之ニ到達スルニ至ル間ニ於ケル過渡的体制ニ及フ（未定稿）
		19	新財政金融体制並方策
第七課題	大東亜国土計画ノ研究	20	共栄圏内各国家経済自主性保有ニ関スル根本方針（未定稿）
		21	重工業立地計画（未定稿）
		22	東亜交易体制
第八課題	生産拡充、物資動員ニ関スル研究	23	昭和十九年度物動計画ノ概要（未定稿）
		24	昭和十九年度乃至昭和二十二年度生拡四年計画ノ概要（未定稿）
第九課題	運輸ニ関スル研究	25	船舶ノ管理運営方策
		26	大東亜交通計画要綱（未定稿）
第十課題	人的資源ノ研究	27	昭和二十三年度ニ於ケル人員動員計画ノ概要（未定稿）
		28	家族制度ト女子労務トノ関係

出典：「昭和十八年度綜合研究記事〈機密〉」より作成。

がこれらの資料からうかがえる内容となっている。

5　研究所閉鎖までの調査研究（一九四四年一月～四五年三月）

最終年度である一九四四（昭和一九）年は、所員の個別的研究が中心となり、それぞれの専門に特化した研究が行われることになる。「昭和十九年二月以降ノ研究」（第六冊）には、四四年二月から九月までの各所員の多角的な研究成果がまとめられており、当該期の所員らが戦局をいかに捉えていたかが把握できる内容となっている。とりわけ興味深い点として、原種行の「大東亜暦試案」（四四年六月一四日）には、「大東亜暦」なる暦を各占領地域に普及することが提言された内容となっている。すなわち、「欧米的文化雰囲気ノ払拭、大東亜道義文化ノ建設」を目的とするため、「大東亜ニ於イテ支配的地位ヲ占メツツアル欧米的、基督教的ニシテ東洋的ナラザル「グレゴリウス」暦ノ廃止、大東亜暦ノ制定施行ハ大東亜文教施策上先ヅ着眼ス可キ要目ナリ」とし、（一）現行の暦では、年始が早く、農業等に少なからず影響を与える、（二）漁業従事者は潮の干満時刻を知る必要があり、太陽暦ではそれがわからない、（三）二千年来太陰暦が使用されていたため、伝統的風俗習慣上の観点より太陽暦では不都合な点が極めて多い、といった諸点が現行の太陽暦を廃止する理由として挙げられている。また、大東亜暦の紀元についても、「大東亜紀元年数（仮称—皇紀年数ヨリ二六〇〇ヲ減ジタルモノ）ニシテ四ヲ以テ整除シ得ヘキ年ヲ閏年トス」とあるように、皇紀二六〇〇年を基準とした、いわば日本的な暦として考案されていたことがうかがえる。その施行方式も、日本の場合は現行の太陽暦を廃止して、大東亜暦を採用し、満洲および中華民国では、太陽暦の廃止と、「大東亜暦ヲ公式ニ採用セシムルモ、当分支那暦ト並用セシメ、漸次大東亜暦一本立トナルガ如ク指導」し、南方の諸地域では大東亜暦と「当分「グレゴリウス」暦、回教暦、各種土暦ノ並用ヲ許容ス」と、各地域においてその取扱いに差異を設けていることがわかる。このような原の試案は、暦を日本と同一にすることで、大東亜共栄圏建設の一助とする意味合いが込められていると推察できるが、換言するならば、日本の文化伝統を基礎とする暦を、一方的に諸地域へ押し付けようとする姿勢がうかがえるのである。なお、本資料に収録されている「長期戦ニ関スル調査項目（抄）」（四四年三月二二日）は、「戦争ノ沿革並ビニ戦争長期化ノ原因」や、「長期戦ノ指導」など、長期戦に関係する調査項目と同時に、「長期戦ニ関スル調査研究執筆者名簿」（四四年三月二二日作成）なども含まれていることから、後述する『長期戦研究』の執筆段階における事前調査の抄録であると思われる。

以上、所員らが個別研究を進めている間、「昭和十九年三月末現在ニ於ケル帝国（大東亜諸地域ヲ含ム）並ニ主要列国ノ国力ヲ検討」することを目的とした**「昭和十九年三月末現在　帝国並ニ列国ノ国力ニ関スル総力戦的研究（機密）」（第六冊）**が作成されている。これは、「所員ヲ中心トシ、広ク前所員及前研究生ノ支援」によって、「四月上旬作業ヲ開始シ五月末之ヲ完成」したものであり、「第一部　帝国（大東亜地域ヲ含ム）ノ国力ニ関スル研究」と、「第二部　列国ノ国力ニ関スル研究」の二部に分けられ、各々の軍事、政治、経済を主題とした国力の情勢判断をまとめたものである。

とりわけ、前者に関しては、これまでの調査研究には見られなかった、国民の動向に関心を払う研究所の様子を読み取ることができる。第一部第二章における「甲　帝国」の「綜合観察」には、「国内総力戦体制未ダ完カラズ国民亦真ニ皇国総力戦ノ本義ニ徹セズ、諸般ノ政府施策ニ付テモ積極的協力ノ気運ニ乏シク戦意ノ昂揚、生産増強ニ挺身スルノ気概ニ欠クル所尠カラザルモノアル」と、国内の総力戦体制が未だ整備されておらず、国民も総力戦体制に積極的でない様子がうかがえる内容となっている。加えて、「国民ノ一部ニハ戦争ノ長期化且局部的戦勢ノ不利化ト国民生活就中食糧事情ノ窮迫化ニ伴ヒ動々《ママ》モスレバ前途ニ不安ヲ惟キ焦慮スルノ気運ノ発生ヲ見ントスルノ傾向観取セラル」とあるように、戦争の長期化に伴う生活の窮乏化により、前途を不安視する国民の状況を踏まえ、「国民思想ノ動向ハ注視ヲ要ス」との指摘もなされている。

このように、それより以前には見受けられなかった国民の動向を調査対象としたことは特筆すべき点であり、研究所が国民の戦意の維持・昂揚を喫緊の課題と認識していたことがうかがえる。

以上のような認識は第一部第二章の「第二、国民思想ノ動向」からもうかがうことができ、戦局に関する民心の動向を「緒戦ニ於ケル赫々タル戦果ニ伴フ楽観的空気ハ一昨年後半以来漸次影ヲ潜メ長期戦ニ対スル覚悟、認識ハ漸次一般ニ浸潤シ」、「戦局ノ様相ニ直面シ一般国民ハ愈々戦争ノ身辺ニ肉迫シツツアルヲ感得シツツアリ」と、国民の戦争観が変化した様子を伝える。総じて、国民の戦争観は、「大勢トシテハ政府ノ措置ニ挺身協力ノ実ヲ挙ゲ、（中略）戦局ノ苛烈ハ銃後ノ志気敵愾心ヲ鼓舞激励シ生産増強ノ熱意ヲ刺戟セルヲ疑フベカラズ」との認識を示している。

その一方で、「昨年来欧洲戦局ニ関スル悲観的観察ヲ為ス傾向頓ニ激化シ「独逸ハ長ク持ツマイ」トノ観測ヲ為ス有識者層や、「大戦果ノ発表ノミヲ期待シ事態ノ深刻化ニ眼ヲ覆ヒテ戦争傍観者的態度ニ於テ戦局ノ推移ニ一喜一憂スル者」、「戦争ノ苛烈ト戦局ノ前途ニ対スル不安感ヨリ不用意ノ間ニ厭戦的言動ヲ為ス者」など、戦争に非協力的であり、戦局の進展に悲観的な国民が一部に見受けられ、「悲観的厭戦的気運ヲ助長スルノ傾向アルヲ忘ル、コトヲ得ズ」と、注意を促している。事実、四三年末から四四年初頭にかけての段階で、一部の国民に戦局に対する「諦観的、消極的動向」が見受けられ、最大の関心事は戦争ではなく、専ら生活問題や日常生活であり、これ以後の資料においても戦局の倦怠感、疲労感が蔓延する国民の様子が頻出することが従来の研究では指摘されている[89]。その点を踏まえると、研究所が示した上記のような判断は、正確なものであったといえよう。

国民の動向に関心を払う姿勢は、以上のような国民の戦争観のみならず、防空体制、食糧問題にまでその対象範囲が及んでいることがうかがえる。第一部第二章「第三、国内防空態勢ノ現況」では、将来予測される大規模な空襲に際し、「四大重要地区即チ京浜、阪神、名古屋、北九州」などの工業地帯や、「他ノ一般地方」における防空体制は「訓練、施設ノ整備ニ努メツツアリ」、「応援態勢ヲ整ヘツツアリ」と、防空体制の進展を伝える。実際、四二年八月時点で日本の諜報機関はB29の存在を知り、四四年三月三日付『朝日新聞』にはB29の出現とその性能について報じられていたことが明らかにされており[90]、近い将来、重爆撃機による本土攻撃が開始されると予測されていたが、研究所も同様の判断であったことがわかる。その一方、「防空組織ノ系統ニ於テ主務官省ガ増加シタルニ依リ各省ノ権限調整ニ労多クシテ迅速且円滑ナル処理ニ適セザル実情」で、「地方諸官庁ニ在リテモ相互ニ消極、積極ノ権限争奪未ダ跡ヲ絶」っていないと、行政面における防空体制は未整備な状態であることを指摘し、「客年九月二十一日閣議決定「現情勢下ニ於ケル国政運営要綱」ノ趣旨ニ副ハザル状態ニ在」るとの認識を示している。四三年一〇月の防空法改正・施行に伴い、防空法施行令も改正され、軍部の防空計画の設定・実施を関係地方官庁に提示・請求できるようになるなど、軍部の関与の度合いが強まると同時に、国民防空を担当する中央機関であり、内務省の機構をもとにした防空総本部が新設される。同時に、国民防空の最末端組織に対する指導権・指揮権も警察の下に一元化され、隣組防空群も警防団の指揮下に置かれるなど[91]、官民問わず防空体制の機構整備が当該期には進められていた点を踏まえると、研究所の防空体制に関する見解は全く異なっており、権限調整の難航、対立が未だに解消されておらず、実質的には整備が不十分な状態と捉えられていたのである。

また、「消防、防火関係（ポンプ、水利施設及防火改修）」を主とする防空設備は、「緊急且大量ニ計画スルト共ニ重要地重点主義ニ依リ整備ニ努メツ、ア」るものの、「資材入手ノ実績不良」、「商工省、統制会間及内務省、地方顧問ノ諸手続、連絡ニ日時ヲ要シ需要者ガ現物ヲ入手シ得ル状態ニ置カル、時期相当遅レタルコト」、「運搬用トラック、其ノ燃料並人夫其ノ他ノ労力ノ不足」などの理由により、「其ノ整備ハ未ダ計画ニ達セズ防空上ノ一大欠陥ヲ為シツ、アリ」と、資材・労務不足による防空計画の遅れを指摘する。事実、前年四三年六月の各地方長官宛内務次官通牒「防空待避所の整備増強に関する件」では、防空施設建設の費用・資材の国からの支給はなされず、防空待避所の増強には新たな資材を使用しないことが原則とされたため、資材不足に陥り、労力不足とも相俟って防空施設の建設は計画を達成することは不可能な状態にあった[92]。さらに、都市における人員疎開の現状も、「勧奨ニ依ツテ転出セシメツ、アルモ現在ノ所運輸、資材ノ不足、受入先ニ於ケル住家ノ払底等ノ原因ニ依リ進捗意ノ如クナラズ」と、疎開が遅々として進展していない様子を述べる。とりわけ、本資料が作成された四月以降における東京都の現状は、「疎開ヲ促進スル報道材料ニ乏シキト、人員疎開ニ関シ地域制ヲ設定シタル結果、暫ク形勢ヲ観望セムトスル者増加シ、疎開促進ノ機運ヲ阻止スルニ非ズヤト憂慮セラル」と、疎開に関する情報の少なさなどの理由により、疎開を躊躇する都民が増加傾向にあることを伝えている。人員疎開の奨励は、実際においても行われており、積極的に推進するための啓発が活発に行われるようになっていたが[93]、その実態を研究所は上記の防空施設建設計画と同様、未だ計画通り進展していないとの見解であったことがうかがえる。

他方、「第二、国民思想ノ動向」の「三、食糧問題ヲ繞ル民心ノ動向」では、「国民生活ノ最大部分ヲ占ムル問題ニシテ（中略）本年ニ於ケル国内最大ノ重要問題タルト断ゼザルヲ得ズ」と記されているように、研究所が最も解決すべき重要課題として食糧問題を取り上げていることがわかる。とりわけ、東京都民の食生活についての実態が綴られた「第四、帝都市民生活ノ概況」の「三、食生活」では、その冒頭において「最モ憂慮スベキ実情ニアルハ都民食生活ナリ」とあるように、東京都民の食生活を深刻に捉えていた。図2は研究所が作成した四三年一月から翌年三月における中央卸売市場の青果物入荷量および一人当たりの一日配分量をグラフ化したものだが、これを見ると、四三年は増減が繰り返されるものの、四四年に入ってからは急激に減少し、前年の数値を大きく下回っていることがわかる。すなわち、研究所は、都民の食生活は減少傾向にあると捉え、「配給食料品ニテハ到底生活ヲ維持スルニ足ラズ」、「配給外物資ノ獲得ニ狂奔シツツアリ」、「現下ノ都民食生活ハ闇ニ依ル生活ナリト言フコトヲ得ベシ」、「配給制度ノ対象トナラザル食料品ニ関シテハ、横流レ、闇行為情実販売顕著ナリ」といった状態にあり、「更ニ激化シツツアルモノト見ルベシ」と、これらの状況がさらに悪化するものと断じている。周知のように、前年度より食料品関係の経済犯罪は「普遍化」し、四四年には野菜・魚等の入手が困難になり国民の多くが闇売買に頼らざるを得なくなっており、重要軍需工場や、官公吏、各種統制団体など統制経済の担い手の間でも闇取引が発生するなど、当該期には食料品をめぐる経済犯罪が増大していた[94]。すなわち、このような状況は、当該期の食糧事情が逼迫していたことの証左であると換言できよう。こうした事態を踏まえ、四三年六月には東京都心における植樹帯の戦時菜園への転用が開始され、翌年春からは公園、運動場、学校校庭などが農地に当てられることになる[95]。これら当該期の状況を踏まえると、研究所が最優

図２　中央卸売市場における青果・魚類入荷量、および一人一日当配分量（1943年1月～1944年3月）

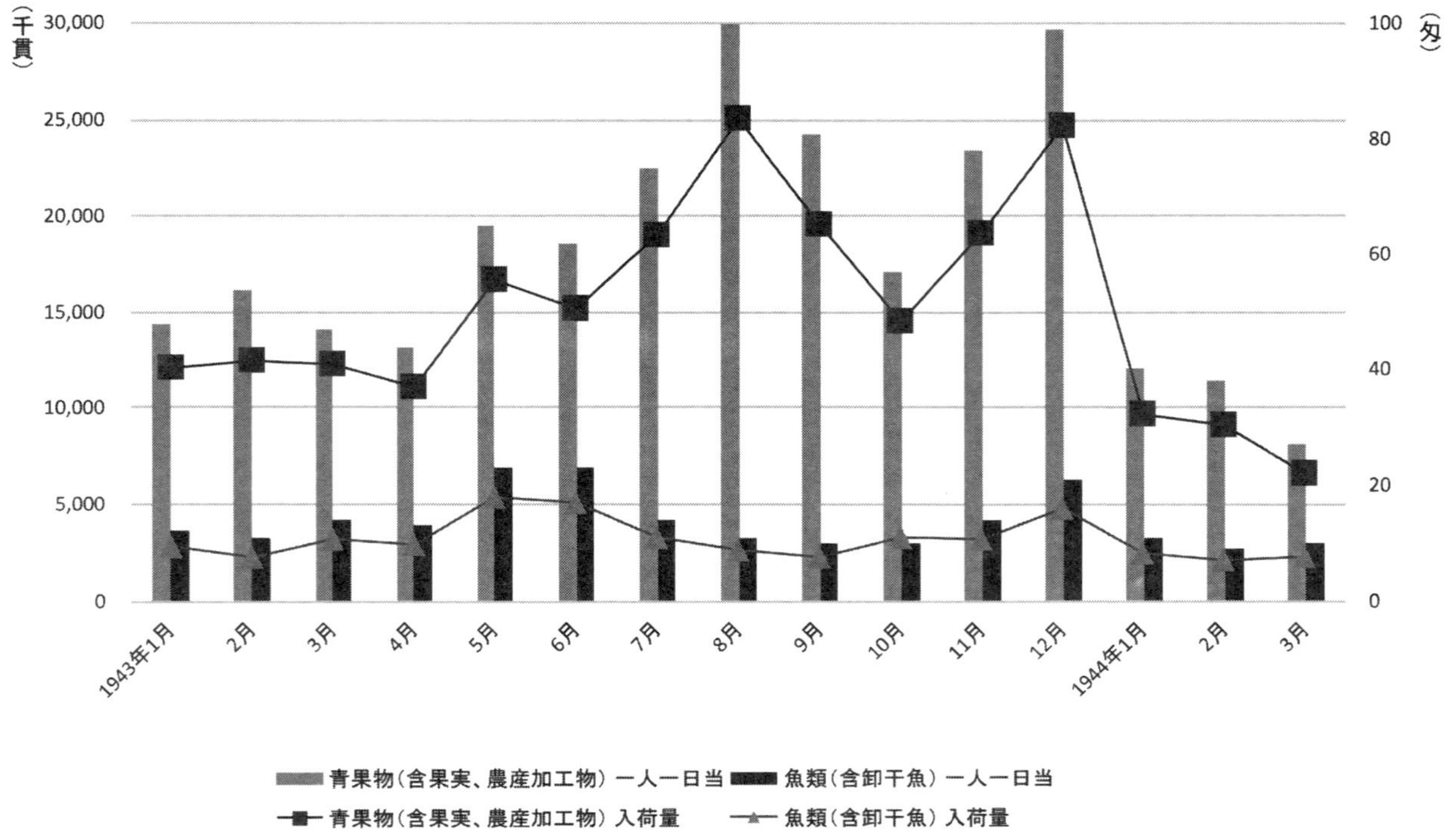

出典：「昭和十九年三月末現在　帝国並ニ列国ノ国力ニ関スル総力戦的研究〈機密〉」より作成。

先課題として食糧問題を位置付けたのも首肯できよう。

以上のように、当該期の国内情勢、とりわけ国民の動向や国民生活に注意を払い、その実態を深く憂慮し、このような状態の解消を提言する研究所の様子が見受けられるのが本資料の特徴といえよう。研究所が国民の実態を調査対象とした背景には、国家総力戦の構築が未だ整備されていない要因を、「皇国総力戦ノ本義ニ徹セズ、諸般ノ政府施策ニ付テモ積極的協力ノ気運ニ乏シク戦意ノ昂揚、生産増強ニ挺身スルノ気概ニ欠クル所尠カラザルモノアル」と観察する研究所の国民観がうかがえるのである。その一方、これまで述べてきた内容からもわかるように、国民の諸問題への早急な対策を提言するのみにとどまっており、その問題をいかに解消するか具体的な助言がなされていないことも本資料の特徴の一つとして付記しておく必要があろう。

さて、その後の研究は、七月から翌年三月まで継続的に行われた研究をまとめた『長期戦研究』が作成され、関係者らに印刷配布された。これは、陸軍予備士官学校教授の小林元を編纂責任者として、研究所廃止直前の四五年三月一〇日に四分冊にわたって刊行された報告書であり、前述の『占領地統治及戦後建設史』と同様、各方面の研究者ら計二七名が執筆にあたった。本史料冒頭の「序言」には、「本研究は大東亜戦争の現実に鑑み、過去に於ける諸長期戦の実例を選び、それらから貴重な教訓を見出さんとして、特に本書の研究企画の指針のもとに、斯界の権威者に委嘱して調査報告せしめた資料の集成」であり、「皇国安危の秋、現下の苛烈な戦列を凝視する活眼を以て、征寇の闘魂の裡に、本研究から大東亜戦争の完勝を導くべき諸教訓を摑み《ママ》取られんことを切望する次第[96]」との編集方針が示されている。すなわち、過去に行われた世界各国の長期戦争を素材として、そこから得られる教訓を、当該期の戦況下で活用する意図をもって作成された史料であった[97]。また、長期戦について、「歴史が呈示する所によれば、長期戦は概ね総力戦として展開されて」おり、「長期戦と総力戦とは不可離の関係に立つてゐる。少くとも両者は別考されえない[98]」と、長期にわたる戦争は総力戦へと進展するため、長期戦と総力戦は密接不可分の関係であることを示している。このような観点からの研究が進められてきたのは、敗色濃厚となり、長期戦的様相を呈した当該期の戦況を打開するための手段を模索していた情勢が背景にあった。その一助として、過去の長期戦からの教訓に求めたのである。その教訓は計一七三項目にまとめられており、「本研究が提供する諸教訓は、それらから著想される或るエックスとしての未知数が発見され、加算され、活用されつつ、現実の長期戦の完遂のために効用されるべきである[99]」と、実際の戦局に積極的に活かすべきことを主張している。

この研究をもって研究所の活動は終わり、四五年三月三一日に総力戦研究所は閉鎖されることになった。

6　その他の調査研究

上述の研究・教育以外にも、研究所内の海軍関係者らが独自で行っていた研究会も確認できる。海軍は以前から海軍大学校内に研究部を設け、同部内で総力戦に関する研究を実施していた。いつ頃から行われていたかは明らかではないが、一九四〇（昭和一五）年八月二六日に海軍大学校研究部の富岡定俊が海軍調査課長千田金二に宛てた「総力戦研究所ニ海軍トシテ推薦ヲ適当トスル学者ニ関スル意見[100]」では、以下のように海軍大学校研究部で総力戦研究が行われていたことがうかがえるものとなっている。

一、総力戦研究所ニ嘱託トシテ入ルベキ学者ハ海軍其ノ大部ヲ選ブヲ要ス
日本総力戦形態ハ其ノ必然性ニ於テ太平洋ヲ中心トスル戦争形態ヲ第一階梯トス、故ニ総力戦研究所ニ研究嘱託トシテ入ルベキ学者ハ右ノ意味ニ於ケル戦争研究ヲ為シツツアル者ヲ適当トシ其ノ選定、推薦ハ海軍之ニ任ズルヲ適当トス

二、海軍大学校研究部ニ於テハ総力戦研究ヲ活発ニ行ヒ来リシ関係上各種ノ学者層ニ意見ヲ徴シ又ハ論述ヲ求メタル経験ニヨリ、適任者ト認ムベキ者ヲ選定セバ別紙ノ通[101]

日本における総力戦は、太平洋を中心とした戦争になることが予想される。その際、海軍が前面に出ることは必然であるため、その方面を研究している学者を嘱託として任ずるべきである。ゆえに、海軍内では従来から海軍大学校研究部で総力戦研究を実施し、識者らとの意見を徴している経験を踏まえると、研究所嘱託の選定には海軍が主体となることが望ましいとする主張である。実際、以下に見るように、これより以前から海軍大学校内において様々な活動が行われている。四〇年六月二〇日に海軍大学校が作成した「緊急国内対策ニ関スル研究（其ノ一）」には、国際情勢の推移に鑑み、国内の体制を早急に整備すべきとの見解から、「国策大綱ノ修正」、「政治機構ノ改善整備」、「対時財政経済対策」を柱とする「国内態勢整備要綱」が掲げられている。[102]また、詳細な作成日時は不明だが、大学校研究部が作成した「戦争指導ニ関スル研究」の「研究要領」には、「帝国ノ近代戦争指導ニ関スル論理的研究」、「現在及近キ将来ニ於ケル内外諸情勢ニ於テ帝国ノトルベキ具体的方策ヲ研究」などの研究方針が掲げられ、その詳細を記した「戦争指導研究事項」には、「我必要軍需資源獲得維持」、「A国（アメリカのことと思われる＝引用者注）ノ戦意ヲ挫折スル為A国内ニ対スル工作（国体、人種問題等ノ利用方法）」など、「対A戦争指導ニ関スル情況判断」に関する研究の実施が提起されている。[103]さらに、思想戦についてまとめられた研究成果「思想戦ニ関スル研究（中間報告）」も、同時期に海軍大学校で作成されていることが確認できる。[104]これら諸研究の海軍内における取り扱われ方については資料の制約上明らかではないが、海軍は研究所開設以前より戦争指導や、思想戦に関して独自で研究を進めていたのである。**表12**は、前述の「総力戦研究所ニ海軍トシテ推薦ヲ適当トスル学者ニ関スル意見」の別紙に記されている海軍が挙げた研究所嘱託の被推薦者だが、これら被推薦者の経歴を一覧しても明らかなように、海軍、または海軍大学校の協力者・関係者で占められていることがわかる。その背景には、右に見たように、総力戦研究に関してある程度の知識を積んでおり、総力戦研究を実施するには上記のような研究成果が必要不可欠といった海軍の自負があったといえよう。

また、研究所開設後の四一年一月七日には海軍軍務局第二課長から海軍の所員らに対して、「総力戦指導要領[105]」が

表12　総力戦研究所嘱託被推薦者一覧表

		氏名	本職	担当	備考
権威者	1	和辻哲郎	東京帝国大学教授	思想戦	東大教授ニシテ斯界ノ第一人者、海軍二対スル協力者ナリ
	2	本位田祥男	中央物価統制協力会事務局長/元東京帝国大学教授	政経戦	現ニ海軍省調査課ノ協力者、大学校研究部ニ対シテモ政経戦関係論文ヲ依頼セシ事アリ
	3	三枝茂智	明治大学教授	外交戦	現ニ海軍大学校研究部嘱託トシテ総力戦研究中ナリ、外交官出身ニテ評論家ナリ
少壮有為ノ学者	1	大河内一男	東京帝国大学助教授	政経戦	海軍協力者、頭脳優
	2	高山巌男	京都帝国大学助教授	思想戦	海大研究部協力、京大方面国防研究会ノ若手ノ中心ナリ
	3	板垣与一	東京商科大学助教授	経済戦	海軍嘱託、南洋研究ノ「テーマ」ヲ有ス
	4	武村忠雄	慶應義塾大学教授	政経戦	海軍協力者、海大研究部ニ協力シ相当総力戦的研究深シ
	5	仲小路彰	思想、哲学者/スメラ学塾講師	思想戦	戦争文化研究所ノ頭脳的中心、天才的頭脳ヲ有ス
	6	天川　勇	海軍省嘱託、海軍大学校嘱託	思想戦	太平洋戦略ノ学者的研究者トシ且総力戦研究者トシテ海軍ヨリ推薦至当
	7	小島威彦	国民精神文化研究所所員/スメラ学塾講師	思想戦	以前高島陸軍大佐ト共ニ戦争文化研究所ニテ総力戦研究、現在モ海大研究部ノ協力者、末次大将系
	8	山本峰雄	航空研究所所員、海軍嘱託	航空	技術者トシテ少壮優秀ノ学者ナリ、総力戦研究所ニ必要ナルベシ

注：本職は1940年８月現在。
出典：兵藤徹也他編『昭和社会経済史料集成　第十巻』大東文化大学東洋研究所、1985年、676頁；秦郁彦編『日本近現代人物履歴事典』東京大学出版会、2002年、各人項目頁より作成。

送付されている。この要領は、海軍の所員らが所内での研究活動を行うにあたり、いかなる活動を行うべきかを内示したものである。その要点は、「総力戦研究所ノ研究」を「遺憾ナカランコトヲ期待ス」るために、研究所に対して「国策ニ関スル資料ヲ提供スルコト」、「海軍軍政ノ現状一般ニ触レシムル如ク省内各部ニ緊密ニ接触セシムルノ方策ヲ講じ、「職員及学生ニ対シテモ機密事項ノ内示ニ関シ軍機事項以外ニ於テ軍事上ノ実害大ナラザル限リ事項別ニ便宜的措置ヲ講ズ」ること、「他省派遣職員ヲ内面的ニ指導セシムル如ク」し、研究生も「海軍学生ノ存在ガ研究所ノ機能発揮上不可欠ナルニ鑑ミ成ルベク常続的ニ之ヲ派出スル如ク努ム」ることの三点にあった。すなわち、海軍当局は、場合によっては資料の提供や、他の所員らに対する機密事項の内示、内面的な指導など、積極的に総力戦研究所の研究活動に関わるよう、海軍の所員らに対して指示を出している。

以上のような海軍側の意向がどこまで反映されたかは既存の史料からうかがうことはできないが、研究所開設を前後して海軍は積極的に研究所に関わろうとする姿勢が見受けられる。その背景には、総力戦研究に関する知識や成果をある程度蓄積していると自負する海軍側の認識が根底にあり、であるからこそ、率先して研究所の諸活動を主導し、積極的に関与すべきといった主張がなされたのである。

さて、以上の海軍独自で行われた研究は、研究所開設以降も続けられており、とりわけ、四二年八月から一一月にかけて行われた研究会に関してはその具体的内容が把握できると同時に、海軍から派遣された研究所所員らも参加していることが確認できる。四二年八月八日に実施された「総研特別研究会経済戦担当者連絡会」では、海軍嘱託の天川勇、総力戦研究所所員であり海軍大佐の泊満義などの海軍関係者と、打村鉱三、武村忠雄の慶應義塾大学両教授、および東京大学経済学部助教授の大河内一男などの経済研究者、海軍協力者である金井清らが参加している。この研究会では、「船腹問題を中心として見たる英米の経済抗戦力、独「ソ」の講和問題及び米国の抗戦力」を主題として武村、打村、金井らが意見を発表し、それら発表を踏まえた討議も実施されている。(106)

続いて、同年一〇月二三、二四日、東京の水交社にて開催された「第四回総研海軍関係特別研究会報告」には、海軍からは所員の泊のほか、総力戦研究所所長の遠藤喜一、海軍嘱託の天川勇など、研究者からは上述の武村や金井、東京帝国大学教授の矢部貞治、京都帝国大学の高山巌男が出席している。この研究会では武村が「今後ニ於ケル米国経済抗戦力増強ノ「テンポ」並ニ其頭打ノ状態ニ達スル時期ノ検討」を、矢部が「政治外交戦」を、武村、高山らが各々の「総力戦論」を、高山が「総力戦ト思想戦」をそれぞれ報告している。[107] なお、これ以前の研究会に関する資料は明らかとされていないため、具体的な内容は特定できないが、武村の報告中、「前回及前々回ニ発表セル蘇連、独逸ノ経済抗戦力ノ推移」を武村自身が発表していることが確認できる。[108]

そして、一一月九日に「第五回総研海軍関係特別研究会報告」が同じ東京の水交社で開催され、大河内一男が「英吉利抗戦経済力」と題した報告を行っている。出席者は前回の特別研究会とほぼ同様の顔ぶれであった。[109]

このように、海軍は定期的に研究会を実施しており、総力戦研究所に派遣された所員らもこれに参加することで、海軍内における諸問題の共有化を図っていたことがうかがえる。その諸問題において議題の中心となっていたのは、各国の船舶問題から推定した各国の抗戦力、経済力であった。当該期の戦局は、四二年七月に日本の太平洋上における勢力範囲は最大となる一方で、六月のミッドウェー海戦による日本軍の大敗、八月のアメリカ軍のガダルカナル島上陸作戦が開始されるなど、日本軍後退の初期にあたり、戦況も膠着状態にあった。そのため、船舶問題が最重要課題として浮上し、その対策が考えられていたのである。しかし、右に見た諸研究会で取り上げられた船舶問題は、米英の輸送船舶に関心が集中され、日本国内の船舶、とりわけ、輸送船に関する問題は全く議論されておらず、関心の対象外に置かれていることは付記しておくべき点である。前述のように、当該期は前線において敵潜水艦および航空機の攻撃による陸海軍船舶の大量喪失が発生し、民間船舶も徴用されており、政府・陸海軍では増加する船舶喪失を問題視していたが、先の「総研特別研究会経済戦担当者連絡会」では、このような日本の船舶の現状にはほとんど触れておらず、英米の船腹の現状の算定に集中し、アメリカの通商ルートの破壊が問題の焦点として討議がなされている様子が見受けられる。[110] また、「第四回総研海軍関係特別研究会報告」における武村の発表においてもアメリカの船船舶輸送力の見通しに終始し（これとて、的確な判断を下したとは言い難い面が見受けられる）、日本の船舶輸送についての考察は全くなされていないことがわかる。[111] このように海軍が実施した研究は、最も重視すべき日本国内の船腹問題についての考察が欠如した特徴を有していたのである。

以上のような海軍が実施した研究会等のほか、実現に至らなかったものも見受けられる。四四年七月四日、東条英機内閣は経済施策に関する演練機構の設置を指針とした「経済施策演練機構ノ設置ニ関スル件」を閣議決定する。これは「大東亜戦争遂行ノ必要上実施セラルル生産増強ニ関スル諸施策並ニ計画ハ」、「複雑多岐ナルノミナラズ在来ノ慣習制度ヲ変革スル結果トナルモノ多」いことから、「演練ヲ行ヒ其ノ及ボスベキ各般ノ影響効果ニ付之ヲ総合的ニ研究」する機構の開設を目的としたものであり、「本機構ハ総力戦研究所ニ附置」されることとなっていた。また、「各省高等官」、「各統制会職員」、「重要会社銀行職員」、「前三号ノ外学識経験アル者」らで構成され、「政府ハ其ノ影響又ハ効果ニ付演練ヲ必要トスト認ムル政策又ハ計画ハ之ヲ本機構ニ回付シテ研究セシム」予定であった。[112] すなわち、この閣議決定は、経済に関わる各方面の関係者らを総力戦研究所に参集させ、政府が実施する経済政策を演練によって試行し、その効用を図ることを目的としたものであった。前述のように、当該期の総力戦研究所は縮小傾向にあり、東条内閣も末期であったが、なぜ総力戦研究所を対象とした閣議決定を実施したのか。第一に、東条が状況の好転を試みていたことにある。戦局悪化に伴い、東条の戦争指導に対する内外からの批判が徐々に高まっており、東条はその批判をかわすために重臣の閣僚起用など、内閣改造に着手し始めていた。第二に、国策機関の欠如という、当該期の政治的状況が挙げられる。国策の企画、立案を担ってきた企画院は先年の一一月に軍需省へと改編統合されており、実質的に経済政策などの企画立案を行う機構が存在していなかった。加えて、従来から東条は研究所の研究成果に非常に興味を示し、その報告の際には熱心に聞いていた様子が西浦によって回想されているように、[113] 東条は総力戦研究所の研究成果を評価していた一面が見受けられるのである。結局、程なくして東条内閣は崩壊し、この閣議決定も解消され、実現には至らなかったが、以上の点を踏まえると、東条は企画院に代わる機能として総力戦研究所を活用・

変革し、内閣総理大臣直属の「国策機関」化を図っていたと考えられる。換言すれば、この閣議決定は、内閣改造の一環として位置づけられると同時に、総力戦研究所の機能を、内閣の「経済諮問機関」化、ないしは「経済政策機関」化へと改編させる含みを持たせたものであったとも考えられるのである。

七　おわりに——総力戦研究所からみる総力戦体制

以上、総力戦研究所を概観してきたが、本資料集からわかる総力戦研究所、および研究所が指向した総力戦体制の実態は以下の点に集約される。

はじめに総力戦研究所の実態についてだが、第一に、その存立期間中、国内外の現状や戦局の状況に常に関心を払う姿勢を示していた。早急に開設されたがゆえ、本格的な活動を行うには未整備な状況であるにもかかわらず、研究所は当初より総力戦の概念・思想やその意義、総力戦体制に向けた行政改革の試案など、総力戦に即した種々の研究を行う一方、一九四一（昭和一六）年当初にはほかの政治主体と比べ、早い段階で日米戦を想定した場合の国内外の国力の情勢も調査している。その後の活動においても国力情勢を主題とした多角的な調査が定期的に実施され、四四年段階では国民の実態にまで調査対象を広げたことからもわかるように、その都度、国内外の情勢を把握しようとする研究所の姿勢が見受けられる。すなわち、日本の抗戦力や交戦国、同盟国の国力に対して常に関心を払っており、教育訓練もこれらの実態を分析、解明することに重点を置く、極めて情報収集能力に長けた機関であったといえよう。東条内閣末期に研究所を経済施策演練機構へと改編させる動きが見られたのも、以上のような研究所の調査能力を評価しての動きであったと理解しうる。

このような活動を実施し得た背景には、研究所が所員や研究生ら各省庁から派遣された官僚らで構成された横断的、かつ非セクショナリズム的機関であり、自身の所属する省庁の諸資料を有効的に活用し得た研究所の環境にその要因を求めることができる。その意味で、同様の組織機構の特徴を有しておりながら、物資動員計画をめぐり、各省の官僚間において対立構造が顕在化していた企画院[114]とは異なる一面が見受けられるのである。

第二に、その一方で、研究所の活動はあくまで「調査」に終始し、その成果を踏まえた政策提言はなされなかったように、限界性を孕んでいた。上述のように、各省からの多くの資料を駆使して調査された国内外の情勢判断は極めて的確であり、一部においては先見的なものも散見できる。しかし、それらの成果を実際に生じた現実問題に対していかに反映させるか、その解決策を提言するまでには至っておらず、所内の官僚らも自らの成果を政策に反映するよう、為政者らに働きかけた形跡も見受けられなかったように、政治色は極めて薄い傾向にあった。また、提言らしい提言も、実際の戦局や情勢をいかに展開・解決させるかといった直接的なものも示されることはなく、敵対国に内在される短所の検出や、植民地と占領地の経営に関わるものが多数を占めているように、積極性に欠けた面が見受けられるのである。

このような活動に限定された背景には、以下の研究所の特質が挙げられる。すなわち、内閣総理大臣の管轄下に置かれ、開設当初は内外の為政者らから当該期の政治的課題を克服する役割を期待されたものの、アジア・太平洋戦争開戦以降、外部からそのような役割を求められることはなくなり、所員の採用数も次第に減少され、規模が縮小される。さらに、総理大臣である東条との接触機会も極端に減り[115]、東条内閣末期には突如として機構改変の対象とされたように、研究所の存立意義は終始、流動的な状態にあった。

また、研究所の所員・研究生は、政策立案を専門とした官僚・民間人らで構成されていたものの、局長・次官クラスなどの各省庁内における政策決定に関与できるような経歴を在籍期間中には有していなかった点も政治組織として発展し得なかった阻害要因の一つとして考えられる。当該期に企画院総裁であった鈴木貞一は後年、研究所は「各省のチームワークを取る」ことが第一の目的であり、「国の動きの大筋と、各省相互の関係を理解」するための「人間養成の機関」に過ぎないと、研究所の国策への関与を明確に否定している点は[116]、上記のような研究所の実態を捉えた何よりの証左といえる。

第三に、研究生らの教育訓練における姿勢は、一貫して将来想定される状況を悲観的に捉えており、とりわけ、そのような姿勢は、机上演習において顕著に現れていた。第一期研究生らが実施した机上演習での「日本必敗」といった結論は、戦争を継続することで、将来的には破綻を来すと予測された、日本の国力を踏まえて導き出されたものであり、続く第二期・第三期研究生らが実施した机上演習においても、経済系省庁出身の官僚らを中心に物資の増産が低調傾向になると予測している。その意味で、前述のように当該期の国力を的確に判断していたと別言できるが、総じて、将来的な国力の増強には否定的な見解を示す傾向にあった。第二期研究生の一部が研究所の訓練に対して消極的な姿勢であった点も、以上のような研究生らの雰囲気が直接的ではないものの、多少なりとも影響していたと推察しうる。このような研究生の姿勢を踏まえると、開設当初に所外の為政者らが期待した、再教育訓練機関としての役割を、研究所は十分に果たすことができなかったのである。

このように、総力戦研究所は、諸分野にわたる高い情報収集力と、的確な情勢判断力を有する研究機関であった。当時としては画期的と評される机上演習が研究生の教育訓練として取り入れられたのも、このような研究所の性格が反映された一事例として数えられよう。研究所がこのような性質を有した背景には、研究所に集められた所員・研究生らの特質に求められる。すなわち、所員・研究生は政策の企画・立案を専門とし、各省内において将来を嘱望された官僚らで占められていた。このような特質を有する官僚らは、得てして多角的な視点による判断力に長けていると考えられ、同時に、各省それぞれの資料を有意義に用いることができたため、上記のような情勢判断が可能になったものと思われる。

しかし、以上のような機能を有しておりながらも、研究所の調査研究は国内外の情勢の把握と、国力の実態の解明に留まり、それを踏まえた政策を提示することはなかったように、現実の政治的課題に対しては極めて消極的であった。このような活動に留まった要因は、研究所自体が政治色を帯びることはなく、また、それを実行するまでの人物も現れなかったという内的要因のほか、当該期の情勢に伴ってその位置づけが変化するといった外的要因が挙げられる。とりわけ、後者については、新体制に向けた再教育機関としての役割を、開設当初は期待されていたが、新体制運動が退潮すると、そのような役割を求められることはなくなり、アメリカとの開戦を契機として規模も縮小される。さらに、東条内閣末期には機構改編の対象になるなど、内閣の政策如何で廃止される可能性を孕んでおり、研究所の存立期間中は、常に存続の不安定要素が内包されていた。すなわち、研究所はシンクタンク的要素が内在されていたものの、以上のような諸要因により、一政治主体として発展せず、その役割を終えたのである。

また、本資料集からわかる総力戦研究所が指向した総力戦体制については、以下のようにまとめられる。

従来、総力戦体制は、「国家優位の社会を戦争の勝利や経済の発展を名目とし、諸個人の差異を無効化して、諸個人を国家を構成するモノと化する体制[117]」として把握され、とりわけ、戦時期日本の行政府における総動員体制では、「多元的連合国家」といった性質を持つ分立的統治構造を解消し、行政のファシズム的一元化への統合が目標とされてきたものの、構造的・機能的な限界が生じていたとの理解がなされている[118]。研究所が指向する、総力戦体制に適応した行政改革は、まさに以上のような構造的特徴と限界性を有しており、研究所自体が政治主体として発展しなかったことも相俟って、実現する可能性は極めて低かった。四一年初期に施策されて以降、行政機構の改革案が全く現れず、機構変革よりも国力の実態に研究の比重が置かれたことも、その証左といえよう。

他方、日本の総力戦体制の実態は、軍部を中心とした武力戦と、その補完的役割を果たした経済戦を重視する性格を有したものと把握され、従来の研究においてもこれに立脚する形で、経済史的アプローチからの研究が深化し[119]、近年では総動員体制や物資動員計画の企画立案や運用過程の実態が明らかにされつつある[120]。このような研究状況を踏まえれば、日本の総力戦体制は、武力戦と経済戦を構成要素とした総動員体制として位置づけられよう。研究所も武力戦・経済戦に関する調査研究を実施してきたように、これらの分野を重視していたが、研究所が指向する総力戦体制には、これらに加え、思想戦・外交戦といった軍事・経済とは関連性の薄い分野をも調査研究の対象として含有されていた点にその独自性が見受けられる。すなわち、日本の総力戦体制は、物資動員を重視したハード面（武力戦・経済戦）と、人的要素を含んだソフト面（思想戦・外交戦）の両者が相互補完的な役割を担うことで構成されると位置づけられていたのである。このような枠組みを採用した背景には、武力戦・経済戦のみでアメリカとの戦争を有利に展開することは日本の国力では事実上不可能といった認識が調査研究を通じて明らかにされ、その補完的装置として思想戦・外交戦といった別次元の分野も取り入れることで、アメリカに対抗してゆこうとする研究所の意図が読み取れる。

また、このような総力戦体制の枠組みは、海軍の研究会においても同様のものが提起されていたことがわかる。すなわち、先に見た四二年一〇月二三、二四日開催の研究会「第四回総研海軍関係特別研究会報告」における「総力戦ノ意義ト内容」と題した研究報告では、総力戦を「文武ニ分ケテ考フレバ（中略）武力戦ト文力戦トヨリ成立スベク、此ノ文力戦ヲ更ニ区分スレバ、外交戦、経済戦、思想戦等トナル」とし、以下のような関係性を述べている。

（一）諸戦ハ各独立ニ並行的ニ敵ノ其ノ部門ニ対シテ攻防ノ活動ヲナス。而シテ武力戦ハ大立物トシテ最重要ノ地歩ヲ占ムルコト。（戦争ガ国家ノ最後行為タルノ本質ヨリ来タル）

（二）外交、経済、思想等ハ何レモ（イ）国内ニ於テ我武力ノ向上発展ヲ支援スルノミナラズ、（ロ）各夫々ノ部門戦ヲ通ジテ敵ノ武力ヲ減殺スルノ責務ヲ有スルコト。

（三）武力戦ト文力戦トハ勿論、文力戦相互間ニ於テモ密接ナル交感作用アリ。従ツテ各部門戦ハ渾然タル協同一致ノ効ヲ全ウセザルベカラザルコト。

（四）各部門戦ノ戦果ハ究極ニ於テ武力戦ヘノ与力乃至与力可能性ニ依ツテ評価セラルルコト。従ツテ各部門戦ノ作戦方針ハ武力戦ヘノ与力貢献ヲ最大ナラシムルコトヲ以テ目途トスベキモノナルコト。（蓋シ総力戦ノ勝敗ハ結局武力戦ノ結果ニ依ルカ若ハ其ノ可能性ニ依リテ決セラレルモノデアルカラデアル。）[121]

同様の見解は、同研究会にて高山巌男が報告した「総力戦ト思想戦」においても見受けられ、「政治外交、経済、武力、思想ノ諸部門戦ハ夫々他ヲ以テシテハ為シ得ザル特殊ノ領域ヲ持チ特殊ノ機能ヲ発揮スル」ものの、「他ノ諸部門ノ協力ヲ俟タザレバ完全ナル遂行不可能ナルモノナリ。而シテ以上ノ諸部門ガ緊密ナル統一ヲ保チ相互補助、相互縁成ノ関連ニ於テ戦争ヲ遂行スル場合、之ヲ総力戦ト称ス」と位置づけている。さらに、高山は一歩踏み込んで、「武力戦ハ何処マデモ武力戦ニシテ、シカモソノ中ニ政治外交戦、経済戦、思想戦ノ契機ヲ含ム。（中略）経済戦モ経済独自ノ部門ニ於ケル戦ナレドモ、同時ニ他ノ部門ヲ其ノ要素トシテ包含スルモノニシテ、政治外交戦、思想戦モ之同様ナリ。」と、図3のような図式も提示している。[122]

これら海軍側が提起した総力戦体制と、研究所が指向したそれとの関係性については明らかではないが、同時期に近似した総力戦体制の枠組みが研究所のみならず、他の政治主体からも提起されていた点は把握しておく必要があろう。

以上のような総力戦体制は、当該期の他国、とりわけ、敵対国であるアメリカにおけるそれと比較した場合、その特異性がより顕著に現れてくる。すなわち、武器貸与法等により、国防物資の諸権限が大統領に与えられ、大統領の自由裁量権限が拡大されたように、アメリカの場合は大統領への権限の一極集中が強化された機構構造へと変貌した。また、アメリカ国内の実態も、第二次世界大戦への参戦に伴い、軍需材の拡大に牽引され、サービス部門に依存した製造業が急拡大したことで、実質ＧＤＰが増加するに至った。その結果、国民の所得水準の上昇による基本的生活水準が確保されたことで、戦時経済および動員体制を敷いたアメリカでは、統制経済下にありながらも経済的繁栄が到来し、雇用の拡大、中流階層の増加による国民の所得配分構造も変化し、社会の所得衡平化が促され、所得格差の急速な縮小が実現されるに至ったのである。[123]

このように、アメリカの総力戦体制は、圧倒的な国力を背景とした経済戦に特化した形態と、それを可能とした大統領の権限拡大に集約でき、その実態も、国民生活の活性化といった社会的変革を促した特質を有していた。このようなアメリカの総力戦体制の内実と比較した際、研究所が指向したそれは、いわば、国力の脆弱性ゆえに生み出された、極めて日本的な特徴が内在された体制を指向していたのである。

　さて、以上のように位置づけられる総力戦研究所であるが、前述のようにその存続期間中、多数の研究・調査が実施され、それらの成果は、所員・研究生らの時局に対

図３　高山巖男「総力戦ト思想戦」における総力戦諸分野関係図

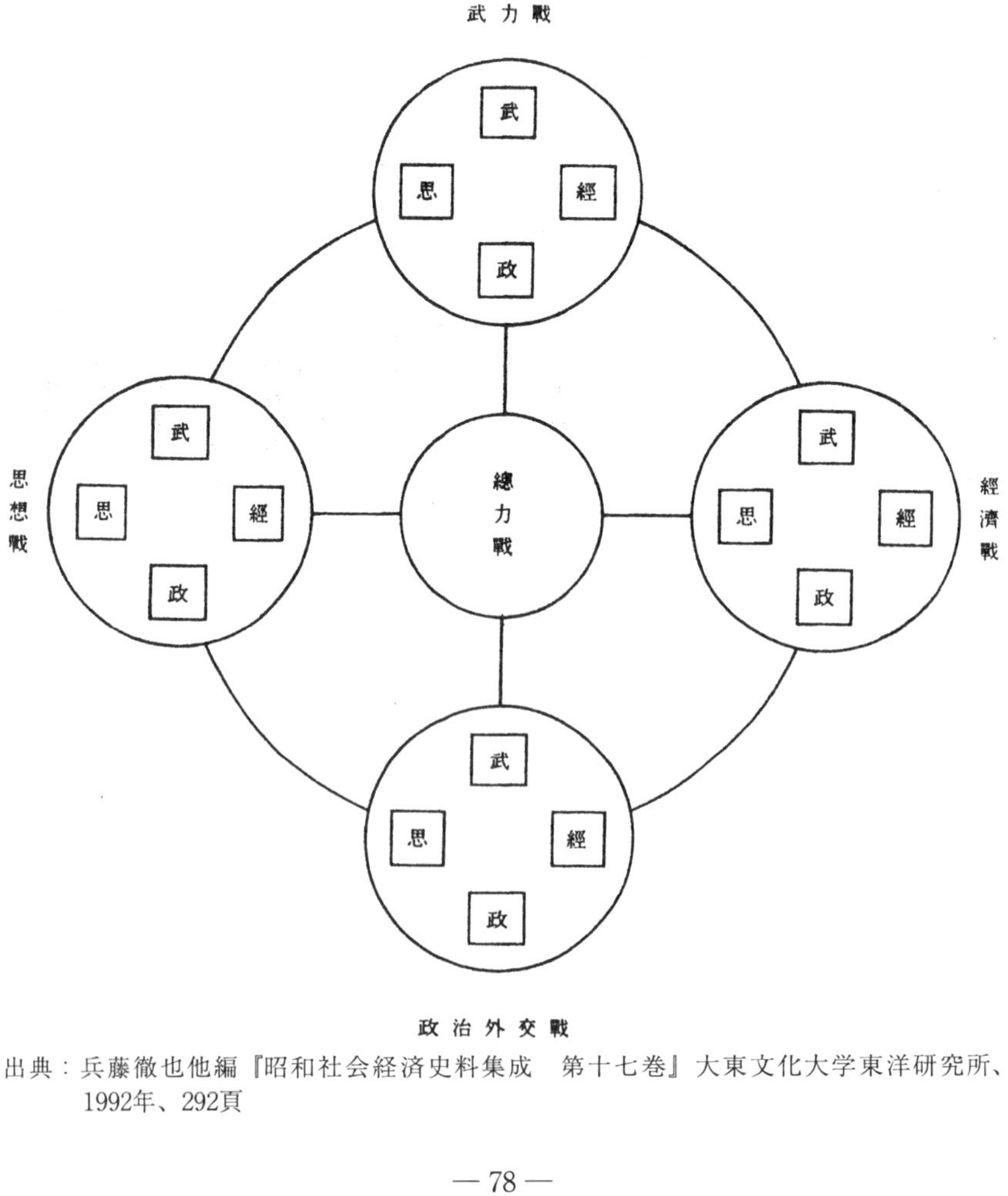

出典：兵藤徹也他編『昭和社会経済史料集成　第十七巻』大東文化大学東洋研究所、1992年、292頁

する認識や戦況の判断に立脚したものとなっている。そのため、本資料集に収録された諸資料では、これまで明らかにされていなかった研究の内容も含まれていると同時に、課長クラスの官僚らが当該期の戦況に対していかなる認識で捉え、戦局を判断していたか、その思想を把握することの一助となるであろう。

また、研究所の研究成果が現実の問題においていかなる形で反映されたか、あるいはされなかったのか、という論点からの考察は、今後の課題として残されている現状にあるが、この課題に対し本資料集は、既存の史資料と比較検討することで十分に有益になるものと思われる。同時に、在籍していた官僚・民間人らは、一九五〇年代から六〇年代にかけて、各省の局長や経済企画庁の事務官など、経済政策の実務機関における要職に就いている。研究所で蓄積されてきた種々の成果が、占領期から復興期、高度成長始動期にかけて実施された経済諸政策において活かされてきたか否か、戦前戦後の連続性を検討する上でも本資料集は十分に活用できるものと思われ、更なる研究の進展が望まれる。

補足　未収録資料（日満財政経済研究会関係史料）

本資料集には収録されていない総力戦研究所関係資料について触れておく。冒頭でも触れたように、本資料集はその多くを“Prosecution Evidential Documents”に依っているが、同ファイルには日満財政経済研究会関係の資料が数点含まれていることが確認できる。すなわち、同研究会が作成した諸資料を、総力戦研究所内にて「総力戦研究所複製資料」として、総合研究等を実施するに際して使用したものと思われる。[124]日満財政経済研究会に関する資料に関しては、既に中村隆英、原朗両氏が編集した諸資料集もあり、[125]その実態はほぼ明らかとなっている。

紙幅の都合上、本資料集への収録は見送ることになったが、ここでは既出資料との重複を避けるため、中村・原両氏が編集した上記資料集に含まれていないものに限り、資料の題目、原資料の作成年月日、および研究所が複製した年月日を付して以下に記載する。

・「経済上の見地よりする東亜将来の判断資料」（作成年月：昭和一三年一一月／複製年月日：昭和一六年一〇月一五日）

・「貿易計画基礎資料一列国貿易統計分析（輸入ノ部）」（作成年月日：昭和一四年六月／複製年月日：未記載）

・「重要物資需給対照及補塡対策一覧表」（作成年月：昭和一四年五月／複製年月日：昭和一六年一〇月一八日）

・「東亜地域将来ノ資源需給判断一覧表」（作成年月：昭和一四年一月／複製年月日：昭和一六年一〇月三一日）

・「南洋諸国ノ主要生産品ト之ニ対スル日本及第三国（満、支、英、米、仏）ノ依存度ニ関スル研究資料」（作成年月日：昭和一四年五月一五日／複製年月日：昭和一六年一〇月二八日）

・「日本を中心とする東亜圏の自給力に関する研究」（作成年：昭和一四年／複製年月日：昭和一六年一〇月二一日）

注

（1）ＩＰＳ文書に関しては国立国会図書館憲政資料室所蔵の複製版（憲政資料室における分類名：ＩＰＳ－18）を用いた。

（2）芦沢紀之「実録・総力戦研究所――太平洋戦争前夜」『歴史と人物』一〇月号、一九七二年

（3）粟屋憲太郎・吉田裕共編『国際検察局（ＩＰＳ）尋問調書』第五〇巻、日本図書センター、一九九三年、五二五～五四二頁

（4）太田弘樹「総力戦研究所の設立について」『日本歴史』三五五号、一九七七年、同「総力戦研究所の教育訓練」『政治経済史学』一四二号、一九七八年、同「総力戦研究所の業績――『占領地統治及戦後建設史』、『長期戦研究』について」『軍事史学』一四巻四号、一九七九年、森松俊樹著『総力戦研究所』白帝社、一九八三年、黒澤文貴「『一九四〇年体制』と総力戦研究所」三輪公忠・戸部良一共編『日本の岐路と松岡外交1940－41年』南窓社、一九九三年（のち黒澤文貴著『大戦間期の日本陸軍』みすず書房、二〇〇〇年、第一〇章に収録）など。また、研究書の体裁ではないも

の の、総力戦研究所関係者らの記録をもとに作成された文献として、猪瀬直樹著『昭和十六年夏の敗戦』世界文化社、一九八三年、同著『空気と戦争』文春新書、二〇〇七年、なども点在する。

(5) 例えば、市川新「総力戦研究所ゲーミングと英米合作経済抗戦力シミュレーションの接点」『流通経済大学論集』四〇巻四号、二〇〇六年、同「総力戦研究所における国家戦略研究ゲーミングの演練者」『流通経済大学論集』四三巻四号、二〇〇九年などでは、机上演習参加者の大半が事務官級の高級官僚や民間企業の会社員で占められており、軍人は少数であった人員構成の特徴を踏まえたうえで、机上演習は単なる軍事作戦ゲームではなく、国家戦略研究ゲームであったと指摘する。また、軍人が総力戦研究所に出向する際、高等文官試験合格相当認定の審査が必要とされたことから、当該期の総力戦研究所は文民組織であると同時に、世界最高水準の政策科学大学院大学であったとも指摘している。

(6) 前掲注(4)に列挙した論文等のなかには、使用されている資料の所蔵先についての記載が曖昧なものもあり、総力戦研究所を知る手がかりが不十分な状況でもある。

(7) 山之内靖「方法的序説」山之内靖、ヴィクター・コシュマン、成田龍一編『総力戦と現代化』柏書房、一九九五年、一一、一二頁

(8) 雨宮昭一「既成勢力の自己革新とグライヒシャルトゥング」前掲『総力戦と現代化』二五三〜二六一頁、岡崎哲二「日本の戦時経済と政府—企業間関係の発展」前掲『総力戦と現代化』二六七〜二八三頁、野口悠紀雄著『一九四〇年体制』東洋経済新報社、一九九五年、小林英夫著『帝国日本と総力戦体制』有志舎、二〇〇四年、雨宮昭一著『シリーズ日本近現代史(7)占領と改革』岩波書店、二〇〇八年など。

(9) 原朗「戦後五〇年と日本経済」『年報日本現代史』創刊号、東出版、一九九五年(のち原朗著『日本戦時経済研究』東京大学出版会、二〇一三年、Ⅸ章に収録)、橋本寿朗「企業システムの『発生』、『洗練』、『制度化』の論理」同編『日本企業システムの戦後史』東京大学出版会、一九九六年、赤澤史朗、高岡裕之、大門正克、森武麿「総力戦体制をどうとらえるか——『総力戦と現代化』を読む」『年報日本現代史』第三号、現代史料出版、一九九七年、原朗「被占領下の戦後改革」石井寛治・原朗・武田晴人編『日本経済史』四巻、東京大学出版会、二〇〇二年、西成田豊著『近代日本労働史』有斐閣、二〇〇七年、三三九〜三五九頁、宮地正人著『通史の方法』名著刊行会、二〇一〇年、二四二〜二四九頁、宮嶋博史「方法としての東アジア再考」『歴史評論』七二九号、二〇一一年など。

(10) 大門正克著『歴史への問い/現在への問い』校倉書房、二〇〇八年、一二〇頁

(11) 吉田裕「近現代史への招待」『岩波講座日本歴史　近現代史』第一五巻、岩波書店、二〇一四年、一〇頁
(12) 米山忠寛「戦時体制再考」『年報日本現代史』第20号、現代史料出版、二〇一五年。また、米山氏は平時と連続した戦時としての「静」の側面を重視し、戦時体制と立憲体制を対置させ、「危機」・「再編」・「再建」といった時期区分における両者の関係性の変遷を論じている（同著『昭和立憲制の再建　1932～1945年』千倉書房、二〇一五年）。
(13) 以上、前掲「実録・総力戦研究所──太平洋戦争前夜」七五～七七頁を参照。
(14) 前掲『総力戦研究所』三二～三六頁、前掲『大戦間期の日本陸軍』四〇九～四一二頁
(15) 西浦進著『昭和戦争史の証言』原書房、一九八〇年、一四一～一四三頁
(16) 木戸日記研究会・日本近代史料研究会編『西浦進氏談話速記録（下）』日本近代史料研究会、一九六八年、二七九～二八四頁
(17) 兵藤徹也他編『昭和社会経済史料集成』第一〇巻、大東文化大学東洋研究所、一九八五年、五三四、五三五頁
(18) 前掲『大戦間期の日本陸軍』四一八頁
(19) 前掲『昭和社会経済史料集成』第一〇巻、六〇五～六〇七頁、「総力戦研究所設置ニ要スル経費」『昭和十五年新体制各般他』関東学院大学所蔵、H3-S97
(20) 前掲注（15）、（16）
(21) 前掲『大戦間期の日本陸軍』四二〇頁
(22) 前掲注（17）
(23) 古川隆久著『昭和戦中期の総合国策機関』吉川弘文館、一九九二年、二七八頁
(24) 前掲注（15）
(25) 前掲「総力戦研究所の設立について」四九頁
(26) 前掲『昭和戦中期の総合国策機関』一九五頁
(27) 「岡松成太郎氏回想」産業政策史研究所編『産業政策史回想録』第七分冊、産業政策史研究所、一九八〇年、三二頁
(28) 「（前略）2ヵ月ぐらいやって、会計課長というのはどういうことをやるのかなんて思っているうちに、その時の大臣が小林一三さんで、例の岸さん事件を経たわけですが、しかしまだその時は岸さんが次官でした。それで岸さんに呼ばれて「総力戦研究所というのが今度出来るんだ」岸さんが人を出すときには、何時もそういうことなんだけれど「君をお

いては他にいないから君行ってくれ」という話になってしまうんですよ。（後略）」「その時分、世間では革新官僚なんていう言葉があったんですが、何も革新でもないんですけれども、いわゆる官庁の中の「政策マン」というタイプの人間がかなり各省から企画院に集まっていました。そこから総力戦研究所が出来たんで、また各省内のそういうタイプの人間が研究所にやられた訳です。（後略）」（前掲『産業政策史回想録』第七分冊、五二頁）

(29)「総力戦研究所停止ニ関スル閣議決定ニ基ク措置要綱」JACAR（アジア歴史資料センター）Ref.B02031315500．総力戦研究所関係一件（A-5-0-0-5）（外務省外交史料館）

(30)「昭和十六年度研究生（仮称）採用ニ関スル件」JACAR（アジア歴史資料センター）Ref.B02031315200．総力戦研究所関係一件（A-5-0-0-5）（外務省外交史料館）

(31) 実際に西浦は研究生を採用するにあたって、当時大蔵省主計局予算課長の植木庚子郎と話した際、「将来次官になるような人は、ここを出た人でないと次官にしないことにしようではないか」と、次官就任の際の規定を設けようとしていたことを回想している（前掲『西浦進氏談話速記録（下）』二八頁）。

(32) 一九四二年四月から入所した第二期研究生を選定する際にも、第一期研究生にて実施された採用規定を踏襲したことが確認できる（「昭和十七年度総力戦研究所研究生ニ関シ入所資格、定員、各省其他ニ対スル割当並銓衡方法等方針ノ件」JACAR（アジア歴史資料センター）Ref.A04018644700．公文雑纂・昭和一七年・第一巻・内閣一・内閣一（国立公文書館））。

(33) 滝口剛「「官界新体制」の政治過程」『近畿大学法学』第四二巻第三・四号、一九九五年

(34)「官界新体制要綱（案）」前掲『昭和十五年新体制各般他』

(35)「官吏制度ニ関スル研究項目」前掲『昭和十五年新体制各般他』

(36)「官吏制度改革ニ関スル各方面ノ意見（要領）（一）」前掲『昭和十五年新体制各般他』

(37) 金子利八郎については裴富吉著『満州国と経営学――能率増進・産業合理化をめぐる時代精神と経営思想』日本図書センター、二〇〇二年、第二章参照。

(38) 前掲「総力戦研究所設置ニ要スル経費」。詳細な項目は以下の通り。なお、前掲『昭和社会経済史料集成』第一〇巻、六〇九頁にも「研究及教育項目要領」と題して近似した項目が列挙されているが、五種三項目のみのため、より具体的な方を引用した。

一、総力戦ニ関スル事項
イ、総力戦一般（総力戦ノ意義、特質及内容等）
ロ、国防国家
ハ、国力測定
二、武力戦ニ関スル事項
イ、兵器装備
ロ、戦略及戦術一般（陸海空共同作戦）
ハ、防空
ニ、軍需動員
ホ、戦争ト資源、人口及輸送
三、政略戦ニ関スル事項
イ、政治及政治組織
ロ、行政及行政組織
ハ、社会問題
ニ、外交方策
四、思想戦ニ関スル事項
イ、精神動員
ロ、言論統制
ハ、警備及機密保持
五、経済戦ニ関スル事項
イ、平時及戦時経済編成
ロ、産業動員
ハ、科学動員
ニ、人員動員

ホ、交通動員
ヘ、金融動員
ト、貿易及為替管理
チ、物価対策

（39）「昭和十五年度総力戦研究所業務計画」ＪＡＣＡＲ（アジア歴史資料センター）Ref.B02031314500. 総力戦研究所関係一件（A-5-0-0-5）（外務省外交史料館）
（40）前掲「総力戦研究所の設立について」四四頁
（41）「戦争術に関する講和案 昭和15年12月（1）」ＪＡＣＡＲ（アジア歴史資料センター）Ref.C14060848400. 戦争術に関する講和案 昭和15年12月（防衛省防衛研究所）、「戦争術に関する講和案 昭和15年12月（2）」ＪＡＣＡＲ（アジア歴史資料センター）Ref.C14060848500. 戦争術に関する講和案 昭和15・12（防衛省防衛研究所）
（42）「皇国総力戦ノ本義 昭和16年3月15日」ＪＡＣＡＲ（アジア歴史資料センター）Ref.C14060857600. 皇国総力戦の本義 昭和16・3・15（防衛省防衛研究所）
（43）以上、纐纈厚「太平洋戦争直前期における戦争指導――「皇国総力戦指導機構ニ関スル研究」を中心にして」『政治経済史学』一八六号、一九八一年を参照。
（44）安藤良雄著『太平洋戦争の経済史的研究』東京大学出版会、一九八七年、第二部第二章「日華事変期における物資動員計画とその推移」、前掲『日本戦時経済研究』Ｉ章「戦時統制経済の開始」など。
（45）岡田菊三郎「開戦前の物的国力と対米英戦争決意」、中村隆英、原朗編『現代史資料43 国家総動員（一）』みすず書房、一九七〇年、一三三～一五五頁、企画院審議委員「総合国力ノ判定（第一案）」、原朗、山崎志郎編『開戦期物資動員計画資料』第六巻、現代史料出版、一九九九年、三～一〇二頁など。
（46）「第一期研究生教育綱領及教則」ＪＡＣＡＲ（アジア歴史資料センター）Ref.B02031315000. 総力戦研究所関係一件（A-5-0-0-5）（外務省外交史料館）
（47）「御署名原本・昭和十六年・勅令第四八六号・総力戦研究所官制中改正ノ件」ＪＡＣＡＲ（アジア歴史資料センター）Ref.A03022598900. 御署名原本・昭和十六年・勅令第四八六号・総力戦研究所官制中改正ノ件（国立公文書館）
（48）前掲「総力戦研究所の教育訓練」二五、二六頁

(49)「教育の時間割をつくって見て、毎日午後、一時間二十分の時間の余裕があることがわかった。そこで私は、この時間に、体操と遊戯をやることにした。静は陰であり動は陽であり、机の前にすわってばかりの陰性のインテリに陽性の体操、遊戯を実施させて、陰陽調和のとれた人材を養成したかったからである」(上法快男編『現代の防衛と政略　名将・飯村穣の憂国定見』芙蓉書房出版、一九七三年、六九頁)

(50)「皇国総力戦綱領(概案)　昭和16年4月25日」ＪＡＣＡＲ(アジア歴史資料センター)Ref.C14060857700. 皇国総力戦の本義　昭和16・3・15(防衛省防衛研究所)

(51)「皇国総力戦一般準則(概案)　昭和16年5月4日」ＪＡＣＡＲ(アジア歴史資料センター)Ref.C14060857800. 皇国総力戦の本義　昭和16・3・15(防衛省防衛研究所)

(52)「総力戦綱要(概案 第一巻)昭和16年7月1日」ＪＡＣＡＲ(アジア歴史資料センター)Ref.C14060848900. 総力戦綱要(概案　第一巻)昭和16・7・1(防衛省防衛研究所)

(53)前掲『総力戦研究所』一五六〜一五八頁、「第二篇　総力戦一般準則/第六章　総力戦の指導」ＪＡＣＡＲ(アジア歴史資料センター)Ref.C14060850100. 総力戦綱要(概案　第一巻)昭和16・7・1(防衛省防衛研究所)

(54)「皇国総力戦の特質に就きて」ＪＡＣＡＲ(アジア歴史資料センター)Ref.C14060848600. 戦争術に関する講話案　昭和15・12(防衛省防衛研究所)

(55)「研究生に対する所長訓話」、「経済戦史」、「帝国過去諸戦役ニ於ケル戦地使用貨幣ノ研究」、「占領地経済工作」の講演録集は『昭和16年度　総力戦研究所講義録綴』(防衛省防衛研究所所蔵、中央 - 戦争指導その他 - １５５)として一つに綴られている。

(56)前掲『総力戦研究所』一一七頁

(57)その他、現存する研究演練関係資料には第七回「戦争ニ伴フ貿易指導」が防衛省防衛研究所に所蔵されており(「第7回総合研究課題作業答申」防衛省防衛研究所所蔵、中央 - 軍事行政軍需動員 - ４５７)、アジア歴史資料センターより閲覧が可能となっている(ＪＡＣＡＲ(アジア歴史資料センター)Ref.C12122142200. 第7回研究課題答申 戦争に伴う貿易指導　昭和16年度(防衛省防衛研究所))。

(58)後藤乾一著『近代日本と東南アジア』岩波書店、一九九五年、第四章「「大東亜戦争」と東南アジア」、同著『東南アジアから見た近現代日本』岩波書店、二〇一二年、第二章「内閣総理大臣東条英機と「南方共栄圏」」、河西晃祐著『帝国日本の拡張と崩壊――「大東亜共栄圏」への歴史的展開』法政大学出版局、二〇一二年、第7章「「大東亜共栄圏」における「自主独立」問題の共振」、安達宏昭著『「大東亜共栄圏」の経済構想――圏内産業と大東亜建設審議会』吉川弘文館、二〇一三年、第三章「定まらない「経済建設」構想」など。

(59) 企画院・大東亜建設審議会編『大東亜建設審議会関係史料』復刻版第一巻、龍溪書舎、一九九五年、「大東亜建設基本方策(大東亜建設審議会答申)」二頁

(60) 前掲『昭和戦中期の総合国策機関』第六章第二節

(61) 以上、前掲『総力戦研究所』一二〇～一二九頁

(62)「陸軍技術本部第六第八研究所見学ノ件」JACAR(アジア歴史資料センター)Ref.C04014912500. 昭和17年「壱大日記第一号」(防衛省防衛研究所)、「大阪陸軍造兵廠見学ノ件」JACAR(アジア歴史資料センター)Ref.C04014913500. 昭和17年「壱大日記第二号」(防衛省防衛研究所)

(63) 前掲「実録・総力戦研究所――太平洋戦争前夜」九三頁

(64) 堀場一雄著『支那事変戦争指導史』時事通信社、一九六二年、六六四頁

(65)「昭和17年度 総力戦研究所教育演練実施経過概要」JACAR(アジア歴史資料センター)Ref.C14060862300. 昭和17年度 総力戦研究所 教育演練実施経過概要(防衛省防衛研究所)

(66) 前掲『総力戦研究所』一四〇～一四五頁

(67) その他、関連資料として、「昭和十七年度基礎研究資料 第四回第一週乃至第三週作業」防衛省防衛研究所所蔵、中央―戦争指導重要国策文書－918が確認でき、アジア歴史資料センターにおいても閲覧が可能となっている(JACAR(アジア歴史資料センター)Ref.C12120112400～12120114900. 総力戦研究所史料 昭和17年度基礎研究資料 第4回第1週～第3週作業(防衛省防衛研究所))。

(68) 前掲注(64)

(69) 臨時生産増強委員会の詳細な活動内容については原朗「太平洋戦期の生産増強政策」『年報近代日本研究』第九号、山川出版社、一九八七年(のち前掲『戦時日本経済研究』Ⅶ章に収録)を参照。

(70)「昭和17年度 総力戦研究所教育演練実施経過概要」JACAR(アジア歴史資料センター)Ref.C14060862300. 昭和17年度 総力戦研究所 教育演練実施経過概要(防衛省防衛研究所)、前掲『総力戦研究所』一四〇～一四五頁

（71）このような姿勢は、官僚など為政者らに限られたことではなく、町内会や隣組の組長など、政治的・社会的上層に位置する組員らによる強引な町内会運営が問題視されると同時に、これらの組員らが活動に積極的ではなく、下層の組員らに厳しく批判されるといった事例も確認されるように、指導的立場の一般国民にも見受けられた（佐々木啓「総力戦の遂行と日本社会の変容」『岩波講座日本歴史　近現代史』第18巻、岩波書店、二〇一五年、八八頁）。

（72）「濠州上陸作戦については、机上演習なり研究をせよと言って来たんです。こんなばかげた研究をする必要はないと我々は言って大騒ぎになった。（中略）確か運輸《ママ》省から来ていた連中なんかも「日本にはもう余力の輸送力はありません、こんな時に船を割いて豪州まで持って行って、船を沈められたらマイナス以外の何物でもありません」と言う、みんなそういう意見を具申したんです。」（産業政策史研究所編『産業政策史回想録』第33分冊、一九八五年、四二頁）。

（73）坂口太助著『太平洋戦争期の海上交通保護問題の研究――日本海軍の対応を中心に』芙蓉書房出版、二〇一一年、第四章「太平洋戦争前半期における海上交通保護問題」参照。

（74）「私が教育したのは1期生と2期生なんですが、2期生のほうは戦局が相当になって来たから、乱暴者が多かったのですが、その時分になって日本の体制がいけない。つまり利潤追求ということがけしからん、あらゆる利潤というものを否定せよ、ということを研究生の中から言い出すんです。それで軍人だの外務省から来ていた一部の人なんかが「賛成だ」という訳で、全体がそういう空気になっちゃった。」（前掲『産業政策史回想録』第7分冊、五八、五九頁）

（75）「総合研究の再研究計画　昭和18年3月5日（1）」ＪＡＣＡＲ（アジア歴史資料センター）Ref.C14060862500. 昭和17年度 総力戦研究所 教育演練実施経過概要（防衛省防衛研究所）

（76）この他にも、樋口は「総力戦研究所運営ニ対スル一考察」（四二年一一月二四日作成、「昭和十七年七月教務日誌」に収録）や、「冬季合宿訓練試案」（四三年三月二五日作成）など、今後の研究所運営の方法や、訓練に関する試案を作成していることが確認できる。

（77）以上、前掲注（75）

（78）「昭和十八年度・国内訓練旅行感想・総力戦研究所」ＪＡＣＡＲ（アジア歴史資料センター）Ref.A06030159800. 昭和18年度・国内訓練旅行感想・総力戦研究所（国立公文書館）

（79）「昭和18年度 第1回総力戦机上演習関係書類」ＪＡＣＡＲ（アジア歴史資料センター）Ref.A03032010000. 総研甲－第6号・昭和18年度・第一回総力戦机上演習関係書類（国立公文書館）

(80)本資料の前半部にあたる「昭和十八年度基礎研究第二課題(其ノ一)作業　帝国(勢力圏ヲ含ム)ノ国力判断(二分冊ノ一)」では、軍事、政治を主題とする国力判断の検討がなされており(「帝国(勢力圏ヲ含ム)ノ国力判断(2分冊ノ1)」JACAR(アジア歴史資料センター)Ref.A03032003400. 昭和十八年度基礎研究第二課題―第其ノ一号・帝国(勢力圏ヲ含ム)ノ国力判断(二分冊ノ一)(国立公文書館))、「昭和十八年度基礎研究・第二課題(其ノ二)作業　独・米・英・蘇・重慶ノ国力判断」では、ドイツ、アメリカ、イギリス、ソ連、重慶政府のほか、特定地域(インド、オーストラリア、西アジアおよびアフリカ)の軍事、政治、経済に関する国力の実情も併せて検討されている(「昭和18年度基礎研究・第2課題(其ノ2)作業 独・米・英・蘇・重慶ノ国力判断(3分冊ノ1)(1)軍事(2)政治」JACAR(アジア歴史資料センター)Ref.A03032010200. 総研甲-第8号・昭和18年度基礎研究・第二課題(其ノ二)作業・独、米、英、蘇、重慶ノ国力判断(三分~(国立公文書館))。

(81)当該期の研究生には、農林官僚の村田豊三と、商工官僚の村田繁がおり、どちらが作成者かは不明。

(82)前掲注(73)

(83)同資料に収録されている「第二回机上演習計画腹案」(四三年八月三〇日作成)では、一一月一五日から一二月一一日までの約三週間の日程を、三つの期間に区分して実施する予定であったことがわかる。

(84)前掲『太平洋戦争の経済史的研究』第二部第三章「太平洋戦争期における物資動員計画」

(85)田中申著『日本戦争経済秘史』コンピュータ・エージ社、一九七四年、三一六頁

(86)同前三五七頁

(87)前掲『総力戦研究所』一四八~一五〇頁

(88)「14 総力戦研究所停止ニ関スル閣議決定ニ基ク措置要綱」JACAR(アジア歴史資料センター)Ref.B02031315500. 総力戦研究所関係一件(A-5-0-0-5)(外務省外交史料館)

(89)荻野富士夫著『「戦意」の推移―国民の戦争支持・協力』校倉書房、二〇一四年、九九頁

(90)黒田康弘著『帝国日本の防空対策』新人物往来社、二〇一〇年、二一四、二一五、二六〇~二六二頁

(91)土田宏成著『近代日本の「国民防空」体制』神田外語大学出版局、二〇一〇年、第三部補章「「国民防空」体制の確立」参照。

(92)同前二一一、二二二、二一九~二二一頁

(93) 同前二七六頁
(94) 西田美昭「戦時下の国民生活条件――戦時闇経済の性格をめぐって」大石嘉一郎編『日本帝国主義史3　第二次大戦期』東京大学出版会、一九九四年、三八一～三九三頁
(95) 川島高峰著『銃後　流言・投書の「太平洋戦争」』読売新聞社、一九九七年、一二七～一二九頁
(96) 内閣総力戦研究所編『長期戦研究　上（一）』内閣総力戦研究所、一九四五年、三～六頁
(97) 前掲「総力戦研究所の業績――『占領地統治及戦後建設史』、『長期戦研究』について」
(98) 同前八頁
(99) 前掲『長期戦研究　上（一）』八四頁
(100) 前掲『総力戦研究所』八六、八七頁
(101) 前掲『昭和社会経済史料集成』第一〇巻、六七六頁
(102) 同前四〇～四八頁
(103) 同前一一七～一一九頁
(104) 同前一二〇～一三三頁
(105) 兵藤徹也他編『昭和社会経済史料集成』第一二巻、大東文化大学東洋研究所、一九八七年、三三一～三四頁
(106) 兵藤徹也他編『昭和社会経済史料集成』第一六巻、大東文化大学東洋研究所、一九九一年、四一二～四二七頁
(107) 兵藤徹也他編『昭和社会経済史料集成』第一七巻、大東文化大学東洋研究所、一九九二年、二三三～三〇一頁
(108) 同二七九頁
(109) 同前三三三～三四四頁
(110) 前掲注(106)
(111) 前掲『昭和社会経済史料集成』第一七巻、二三八～二七九頁
(112) 「経済施策演錬機構の設置に関する件」ＪＡＣＡＲ（アジア歴史資料センター）Ref.C12120303200. 昭和19年 大東亜戦争 戦争指導関係綴 内政経済の部 其2（防衛省防衛研究所）
(113) 前掲『西浦進氏談話速記録（下）』二八三、二八四頁
(114) 山崎志郎著『物資動員計画と共栄圏構想の形成』日本経済評論社、二〇一二年、一七三～一七五頁

(115) 東条と総力戦研究所との接触は、新たに入所した研究生への訓示や修了式などに限られ、総理大臣在任期間中は計八回のみと、極めて少なかったことが確認できる（伊藤隆他編『東條内閣総理大臣機密記録』東京大学出版会、一九九〇年参照）。

(116) 木戸日記研究会、日本近代史料研究会編『鈴木貞一氏談話速記録　下』日本近代史料研究会、一九七四年、二六、二七頁

(117) 纐纈厚著『総力戦体制研究』社会評論社版、二〇一〇年、二六九頁

(118) 同前二七八頁。また、片山杜秀氏は、強力な政治体制の完成を推進するものの、権力の分散が制度化されていた明治憲法体制が障壁となり、ファシズム化が失敗した当該期における日本の状況を、「未完のファシズム」と例えて説明している（片山杜秀著『未完のファシズム――「持たざる国」日本の運命』新潮選書、二〇一二年、第七章「未完のファシズム―明治憲法に阻まれる総力戦体制」）。

(119) 従来の戦時経済史研究の変遷に関しては、平山勉「戦時経済史研究と産業報国会」『大原社会問題研究所雑誌』664号、二〇一四年、二九～三二頁を参照。

(120) 山崎志郎著『戦時経済総動員体制の研究』日本経済評論社、二〇一一年、前掲『物資動員計画と共栄圏構想の形成』など。

(121) 前掲『昭和社会経済史料集成』第一七巻、二三六～二三八頁。なお、報告者は「中島少将」とのみ記載されており、具体的な作成者は不明である。

(122) 以上、同前二九〇～三〇一頁

(123) 以上、室山義正著『アメリカ経済財政史　1929－2009』ミネルヴァ書房、二〇一三年、第一章「ニュー・ディールから第2次世界大戦へ」参照。

(124) 前掲『総力戦研究所』第二章第三節においても同史料の題目および年月日の記載が確認できるものの、日満財政経済研究会作成の資料であることは明記されていない。

(125) 日本近代史料研究会編『日満財政経済研究会――泉山三六氏旧蔵』第一巻～第三巻、日本近代史料研究会、一九七〇年、前掲『現代史資料43　国家総動員（一）』

〔執筆分担〕

本解説の執筆分担は以下のとおりである。

「一　はじめに」　粟屋、中村

「二　総力戦研究所設置の背景」～「七　おわりに」、「補足　未収録資料（日満財政経済研究会関係史料）」　中村

〔付記〕

解説執筆にあたり用いた資料について、大東文化大学の武田知己氏に便宜を図っていただいた。末筆ではあるが、記して謝意を表したい。

解説者紹介

粟屋憲太郎　あわや・けんたろう

立教大学名誉教授（日本近・現代史）

単著に、

『東京裁判論』（大月書店、一九八九年）

『未決の戦争責任』（柏書房、一九九四年）

『現代史発掘』（大月書店、一九九六年）

『東京裁判への道』上・下巻（講談社、二〇〇六年）

『昭和の政党』（岩波現代文庫、二〇〇七年）、ほか多数。

中村　陵　なかむら・りょう

一九八三年生まれ

現在、立教大学大学院博士課程後期課程

著書に、

「戦時期における日本銀行と大蔵省の政治的対立構造—金融政策の主導権獲得過程を中心に—」『風俗史学』四六号、二〇一二年

「近衛新体制期の企画院と予算編成—昭和十六年度予算編成における企画院の介入過程—」『史学雑誌』一二五編三号、二〇一六年、など。

『総力戦《そうりょくせん》研究所《けんきゅうじょ》関係《かんけい》資料集《しりょうしゅう》』

解説・総目次

2016年2月29日　第1刷発行

定価（本体1、200円＋税）

ISBN978-4-8350-6867-1

発行者　細田哲史

発行所　不二出版　株式会社

東京都文京区向丘1—2—12

phone.　03（3812）4433

fax　03（3812）4464

振替　00160-2-94084

組版・印刷・製本／昴印刷